CAD/CAM 技术应用
（CAXA 2020 版）

主　编　王丽洁
副主编　史卫朝
参　编　徐德凯　张燕飞　赵建军
主　审　关雄飞

机械工业出版社

本书以 CAXA 2020 系列软件（CAXA CAM 制造工程师、CAXA CAM 数控车和 CAXA CAPP 工艺图表）的实体造型、二维工程图绘制、数控加工与仿真、工艺文件编制等为内容，讲解基本概念和命令使用方法，突出 CAXA CAD/CAPP/CAM 系列软件的技术高点，体现 CAD/CAPP/CAM 技术贯通。本书内容翔实，图文并茂，结合经典案例，对学生具有很好的启发和引导作用。

全书共分为四章，内容包括 CAD/CAM 技术概述；CAXA CAM 制造工程师；CAXA CAM 数控车；CAXA CAPP 工艺图表。

本书可作为普通高等院校机械类专业的教材，也可作为高等职业院校装备制造大类相关专业的教材，以及从事 CAD/CAM 技术研究的工程技术人员的参考资料或培训教材。

为方便自学，本书各应用案例均配有操作短视频，学习过程中可扫描二维码观看。

图书在版编目（CIP）数据

CAD/CAM 技术应用：CAXA 2020 版/王丽洁主编. —北京：机械工业出版社，2022.9（2024.2 重印）
ISBN 978-7-111-71284-8

Ⅰ.①C⋯ Ⅱ.①王⋯ Ⅲ.①机械设计—计算机辅助设计—高等学校—教材②机械制造—计算机辅助制造—高等学校—教材 Ⅳ.①TH122②TH164

中国版本图书馆 CIP 数据核字（2022）第 133730 号

机械工业出版社（北京市百万庄大街 22 号 邮政编码 100037）
策划编辑：王英杰 责任编辑：王英杰 赵文婕
责任校对：张 征 刘雅娜 封面设计：张 静
责任印制：单爱军
北京虎彩文化传播有限公司印刷
2024 年 2 月第 1 版第 2 次印刷
184mm×260mm · 12.75 印张 · 312 千字
标准书号：ISBN 978-7-111-71284-8
定价：42.00 元

电话服务 网络服务
客服电话：010-88361066 机 工 官 网：www.cmpbook.com
010-88379833 机 工 官 博：weibo.com/cmp1952
010-68326294 金 书 网：www.golden-book.com
封底无防伪标均为盗版 机工教育服务网：www.cmpedu.com

制造业的数字化、网络化和智能化是我国制造业创新发展的主要抓手，是制造业转型升级的主要路径，是加快建设制造强国的主攻方向。作为先进信息技术与先进制造技术的深度融合，智能制造的理念和技术贯穿于产品设计、制造、服务等全生命周期的各个环节及相应系统，旨在不断提高企业的产品质量、效益和服务水平，减少资源消耗，推动制造业创新、绿色、协调、开放和共享发展。

本书以北京数码大方科技股份有限公司自主研发的 CAXA 2020 系列软件（CAXA CAM 制造工程师、CAXA CAM 数控车和 CAXA CAPP 工艺图表）为基础，在内容上，CAD/CAM 概述重点介绍 CAD/CAPP/CAM 的基本概念、CAXA 国产自主知识产权工业软件系列产品；CAXA 制造工程师重点介绍曲线曲面造型、实体特征构建、数控加工功能（二轴、三轴、四轴和五轴加工）、轨迹仿真及后置处理；CAXA CAM 数控车重点介绍二维工程图形的绘制、数控加工功能（二轴和 C 轴加工）、轨迹仿真及后置处理；CAXA CAPP 工艺图表重点介绍工艺模板定制方法、工艺卡片填写以及工艺附图的绘制、工艺知识的重用和典型工艺的快速借用。在结构上，先进行基本指令的讲解，再通过应用案例的学习，学生可掌握软件各种功能的特点及应用。

本书主要有以下特点：

（1）由易到难、由简到繁、再到综合应用。

（2）概念清晰，强调基本功扎实的同时，又将理论与应用案例相结合，突出 CAD/CAPP/CAM 技术应用。

（3）通过典型应用案例，将学生所学过的相关技术理论知识有机地联系起来，培养学生三维数字化设计与制造的工程应用能力和创新能力。

本书由西安理工大学王丽洁任主编，西安理工大学史卫朝任副主编，西安理工大学徐德凯、张燕飞，陕西宝成航空仪表有限责任公司赵建军参与编写。其中第 1 章由徐德凯、赵建军共同编写，第 2 章、第 3 章由王丽洁、史卫朝共同编写；第 4 章由王丽洁、张燕飞共同编写。本书由西安理工大学关雄飞主审。

在本书编写过程中得到了北京数码大方科技股份有限公司西北事业部总经理王艳、技术总监冯伟的大力支持与帮助，在此表示感谢！

由于编者的水平有限，书中难免有不妥之处，恳请读者批评指正。

编　者

二维码清单

名　　称	图　形	名　　称	图　形
五角星造型		摩擦圆盘的压铸模腔加工	
斜凸台零件造型		叶片加工	
摩擦圆盘的压铸模腔造型		叶轮加工	
叶轮造型		连接轴零件加工	
连接板加工		异形轴零件	

第 1 章

CAD/CAM技术概述

1.1 CAD/CAM 基本概念

　　CAD/CAM 技术是随着信息技术的发展而形成的一门新技术，被视为 20 世纪最杰出的工程成就之一。随着 CAD/CAM 技术的推广，它已从一门新兴技术发展成为多行业的技术基础。

　　由于 CAD/CAM 技术是一个发展着的概念，不同的学者从不同的角度出发，对其内涵有不同的阐述。随着相关技术及应用领域的发展和壮大，CAD/CAM 技术的内涵也在不断扩展。

▶▶ 1.1.1　CAD、CAPP、CAM 的基本概念

　　计算机的出现和发展，实现了将人类从烦琐的脑力劳动中解放出来的愿望。早在 20 世纪 50 年代末，计算机就已作为重要的工具，辅助人类承担一些单调、重复的劳动，如辅助编制数控加工程序、绘制工程图样等。在此基础上逐渐出现了计算机辅助设计（Computer Aided Design，CAD）、计算机辅助工艺过程设计（Computer Aided Process Planning，CAPP）及计算机辅助制造（Computer Aided Manufacturing，CAM）等概念。

　　计算机辅助设计是指在人和计算机组成的系统中，以计算机为工具，辅助人类完成产品的设计、分析和绘图等工作，并达到提高产品设计质量、缩短产品开发周期和降低产品成本的目的。一般认为 CAD 系统的功能包括：概念设计，结构设计，装配设计，复杂曲面设计，工程图样绘制，工程分析，真实感及渲染，数据交换接口等。

　　计算机辅助工艺过程设计是指在人和计算机组成的系统中，根据产品设计阶段给出的信息，人机交互地或自动地完成产品加工方法的选择和工艺过程的设计。一般认为 CAPP 的功能包括：毛坯设计，加工方法的选择，工艺路线的制定，工序设计，刀具、夹具、量具的设计等。其中工序设计又包含：机床和刀具的选择，切削用量的选择，加工余量的分配以及工时的定额计算等。

　　计算机辅助制造有广义和狭义两种定义。广义的 CAM 一般是指利用计算机辅助完成从生产准备到产品制造整个过程的活动，包括工艺过程设计、工装设计、数控自动编程、生产作业计划、生产控制、质量控制等。狭义的 CAM 通常是指数控程序编制，包括刀具路径的规划、刀位文件的生成、刀具轨迹的仿真及数控代码的生成等。

　　自 20 世纪 70 年代中期以来，计算机的应用日益广泛，几乎深入到生产过程的所有领域，并形成了很多计算机辅助的分散系统。如果不考虑企业行政管理方面的因素，这些分散系统包括计算机辅助生产计划与控制（CAPAC），计算机辅助设计（CAD），计算机辅助工程分析（CAE），计算机辅助工艺过程设计（CAPP），计算机辅助制造（CAM），计算机辅助质量管理（CAQ），计算机辅助夹具设计（CAFD）等。

　　这些独立的分散系统分别在产品设计自动化、工艺过程设计自动化和数控编程自动化等方面起到了重要作用。但是，采用这些各自独立的分散系统不能实现系统之间信息的自动传递和交换。例如 CAD 系统设计的结果不能直接为 CAPP 系统接受，若进行工艺过程设计，还需要人工将 CAD 输出的图样文档等信息转换成 CAPP 系统所需要的输入数据，这不但影响了效率的提高，而且在人工转换中难免发生数据的错误。因此，随着计算机日益广泛深入

的应用，人们很快认识到，只有当 CAD 系统一次性输入的信息能为后续环节（如 CAPP、CAM）继续应用时才是最经济的。为此提出了 CAD/CAPP/CAM 集成的概念，并首先致力于 CAD、CAPP 和 CAM 系统之间数据的自动传递和转换的研究，以便将业已存在并使用的 CAD、CAPP 和 CAM 系统集成起来。

利用数据传递和转换技术实现 CAD 与 CAPP、CAM 集成的基本步骤如下：

1）CAD 设计产品结构，绘制产品图样，为 CAPP、CAM 过程准备数据。

2）经数据转换接口，将产品数据转换成中性文件，例如初始图形交换规范文件（Initial Graphics Exchange Specification，IGES）、产品模型数据交互规范（Standard for the Exchange of Product Model Data，STEP）。

3）CAPP 系统读入中性文件，并将其转换为系统所需格式后生成零件工艺过程。

4）CAD、CAPP 系统生成数控编程所需数据，并按一定标准转换成相应的中性文件。

5）CAM 系统读入中性文件，并将其转换为本系统所需格式后生成数控程序。

将上述过程形成的集成系统表达为 CAD/CAPP/CAM，也可简写为 CAD/CAM。

随着信息技术的不断发展，为使企业产生更大效益，又有人提出要把企业内所有的分散系统集成起来。这一设想不仅包括生产信息，也包括生产管理过程所需全部信息，从而构成一个计算机集成的制造系统。计算机集成制造系统（Computer Integrated Manufacturing System，CIMS）的重要概念是集成（Integration），通过企业生产经营全过程中的信息流和物流的集成，实现产品上市快、质量好、成本低、服务好的效果，达到提高企业的经济效益和市场竞争能力的目的。实现 CIMS 集成的核心技术是 CAD/CAM 技术。

可以从产品开发过程和产品生产过程对 CAD/CAM 技术的范围及过程进行表述，如图 1-1 和图 1-2 所示。

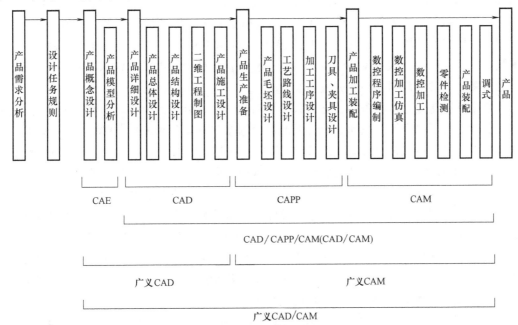

图 1-1　产品开发过程中的 CAD/CAM 系统

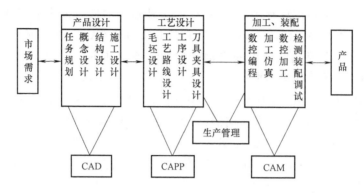

图 1-2　产品生产过程中的 CAD/CAM 系统

▶▶ 1.1.2　CAD/CAM 技术的应用与发展

从 20 世纪 60 年代初第一个 CAD 系统问世以来，经过 60 多年的发展，CAD/CAM 系统在技术上、应用上已日趋成熟。尤其进入 20 世纪 80 年代以后，硬件技术的飞速发展使软件在系统中占有越来越重要地位。作为商品化 CAD/CAM 软件，例如美国 SDRC 公司的 I-DEAS，美国 Computer Vision 公司的 CADDS5，美国 EDS 公司的 UGII，美国 PTC 公司的 PRO/Engineer，法国 MATRA 公司的 Euclid，以及数据库管理软件 Oracle 等大量投入市场。目前 CAD/CAM 软件已发展成为一个受人瞩目的高技术产业，并广泛应用于机械、电子、航空、航天、船舶、汽车、纺织、轻工、建筑等领域。

我国的 CAD/CAM 技术在近 30 年间也取得了可喜成绩。近几年来市场上已越来越多地出现了拥有自主知识产权的 CAD/CAM 软件，如北京数码大方科技股份有限公司（以下简称数码大方）的 CAXA 软件等。但总体而言，我国 CAD/CAM 的研究应用与工业发达国家相比还有较大差距，主要表现在：CAD/CAM 的应用集成化程度较低，很多企业的应用仍停留在绘图、数控编程等单项技术的应用上；CAD/CAM 系统的软件和硬件主要依靠进口，拥有自主版权的软件较少；缺少设备和技术力量，有些企业尽管引进了 CAD/CAM 系统，但二次开发能力弱，其功能没能得到充分发挥。

当前全球制造业正从设备自动化向数据自动化转变，以软件为驱动的数据实时流动是解决智能制造中的不确定性、驱动企业创新的关键因素之一。以 CAD、CAM 等为代表的 CAX 技术有力地促进了机械制造自动化、CIMS 及虚拟制造的发展。CAD、CAPP、CAE 和 CAM 贯通，以 PLM 为平台、以数字孪生为核心，实现 CAX 统一数据源，也是智慧工厂规划中工程维度的内容。当前三维设计正向着贯通方向发展，从概念设计、产品设计、结构设计、电路设计……一直到模具设计、数控程序设计能够连贯顺畅地走下来，对于缩短产品从设计到制造的周期至关重要。因此，我们应积极开展 CAD/CAM 的研究和推广工作，提高企业竞争能力，加速企业现代化的进程。事实证明，CAD/CAM 技术是加快产品更新换代、增强企业竞争能力的有效手段，同时也是实施先进制造和 CIMS 的关键和核心技术。CAD/CAM 技术的应用水平已成为衡量一个国家工业现代化水平的重要标志。

CAD/CAM 技术未来发展的主要趋势是集成化、智能化、并行化、网络化、标准化，先进设计技术与制造方法的应用与推广，主要体现在以下几个方面：

1. 计算机集成制造系统（CIMS）

CIMS 是 CAD/CAM 集成技术发展的必然趋势。它是一种计算机化、信息化、集成化、智能化的制造系统，是在自动化技术、信息技术和制造技术的基础上，通过计算机及其软件将制造工厂全部生产活动所需的各种分散的自动化系统有机地集成起来，能适合于多品种、小批量生产的高柔性的先进制造系统。CIMS 的核心是实现企业信息集成，使企业实现动态总体优化，它能有效地缩短生产周期，强化人、生产和经营管理之间的密切联系，减少在制品，压缩流动资金，提高企业的整体效率。应用 CIMS 输入的是产品的要求和信息，输出的则是制造好的合格产品。

2. 并行工程（Concurrent Engineering，CE）

并行工程（CE）是随着技术发展提出的一种新的系统工程方法，这种方法的思路就是并行的、集成的设计产品及其开发的过程。它要求开发人员在设计阶段就考虑产品整个生命周期的所有要求，包括质量、成本、进度和用户要求等，以提高产品开发效率。并行工程的关键是用并行设计方法代替串行设计方法（顺序法）。在串行法中，信息流向是单向的，而在并行法中，信息流向是双向的。

3. 智能化 CAD/CAM 系统

机械设计是一项创造性活动，在这一活动过程中，很多工作是非数据、非算法的，产品的生产过程也是需要建立在大量的知识和经验基础上的。

将人工智能技术专家系统应用于 CAD/CAM 系统中，形成智能化的 CAD/CAM 系统，使其具有人类专家的知识经验，具有学习、推理、联想和判断功能，集智能化的视觉、听觉和语言能力，从而解决那些以前必须由人类才能解决的复杂问题。所谓专家系统，就是一个存储有大量知识和经验的知识库的计算机软件系统。知识库中的知识经验来源于很多有关的人类专家的知识与经验的总结。

随着新一代人工智能技术的不断发展与应用，特别是新一代智能化数控系统的产生，使 CAD/CAM 系统逐步具备自生长、自学习的功能。例如，华中数控新一代智能机床（iMT），通过数理模型、大数据模型、数理/大数据融合模型的建模方法，形成机床的模型/知识，构建机床"模型像"数字孪生，达到自主学习；通过自生长、自学习的工艺数据库神经网络，在数控机床使用全生命周期内，自动提取工艺数据，对神经网络进行训练，达到自主决策。基于新一代人工智能技术的智能化是 CAD/CAM 重要发展趋势之一。

4. 先进设计技术和制造方法的应用及推广

（1）面向 X 的设计　随着市场竞争的加剧，各企业也越来越重视快速推出新产品以占领市场。因此，新产品开发的成功率也越来越受到关注。为在产品的策划设计阶段，就能对后续阶段可能出现的诸多影响因素加以全面的考虑，产生了面向 X 的设计，即 DFX（Design for X）其中，X 可以代表产品生命周期中的各种因素，如制造、装配、成本、质量、检验、经营、销售、环境、使用、维修等。例如，面向制造的设计（DFM）、面向质量的设计（DFQ）、面向成本的设计（DFC）、面向维修的设计（DFS）、面向环境的设计（DFE）等。

（2）绿色设计与制造　面对日益严重的生态问题，人类不得不共同采取行动来保护环境，以确保人类社会能持续健康发展。因此，绿色设计和绿色制造技术获得了显著的发展。绿色设计又称生态设计、环境设计、生命周期设计或环境意识设计，是由绿色产品而引申出的一种设计方法。绿色设计是这样一种设计，即在产品整个生命周期内，着重考虑产品环境属性（可拆卸性、可回收性、可维护性、可重复利用性等），并将其作为设计目标，在满足环境目标的同时，保证产品应有的基本功能、寿命和质量等。

（3）模块化设计　开发具有多种功能的不同产品时，不必对每一种产品进行单独设计，而是精心设计出多种模块，将其经过不同方式的组合来构成不同产品，以解决产品种类、规格和设计制造周期、成本之间的矛盾，这就是模块化设计的含义。模块化设计与产品标准化设计、系列化设计密切相关，三者之间互相影响、互相制约，通常合在一起作为评定产品质量优劣的重要指标。

（4）动态设计　机械设计系统在实际工作状态下，将承受各种复杂可变的载荷和环境因素的作用。因此，系统不但要具有预定的功能，而且其结构的动态性能也要满足一定的要求，使系统受到各种预期的变化载荷和环境因素作用时，仍能保持良好的工作状态。振动理论、材料疲劳断裂理论等科学理论的发展和计算机技术、有限元分析技术、模态分析技术及实验测试技术等为机械系统的动态设计构筑了坚实的基础。动态设计分析技术可分为两类基本问题：一是动态分析，即在已知系统模型、外部激励载荷和系统工作条件的基础上分析研究系统的动态特性；二是以动态性能满足预定要求的目标，建立系统模型，这是动态修改、优化、再设计的过程。

CAD/CAM 技术使企业在时间竞争能力、质量竞争能力、价格竞争能力和创新竞争能力等方面得以获益，产生非常好的经济效益和社会效益。同时也对设计和工艺人员的教育培训提出了新的更高的要求。为赶超世界先进水平，成功地研制和正确使用 CAD/CAM 系统需对 CAD/CAM 系统的现状和发展有充分的认识。

▶▶ 1.1.3　工业软件赋能设计与贯通智造

工业软件是如何赋能设计的呢？其要素主要包括以下内容：

首先要有设计工具，工具将延展人的能力；其次，要有设计知识和经验；然后，在广度和深度上，优化知识和经验，同时继承和再用；最后，复杂产品的多人、多专业、跨地域的协作协同。工业软件赋能设计的主要几个要素，如图 1-3 所示。

作为设计工具的 CAD，可以用于产品设计，也可以用在制造产品所需要的工装设计，大型复杂的产品需要工装，为了提高生产率和产品质量也需要工装，还可以用在制造过程的规划，模拟和仿真制造过程的每个细节。从广义来看，

图 1-3　工业软件赋能设计的要素

CAD 包括二维（2D）、三维（3D）、计算机辅助制造（CAM）、计算机辅助工程分析（CAE），以及带完整产品信息的三维建模（MBD）等。同时，CAD 不仅能用在研发设计，还可以用在销售、制造、供应、运维以及服务等各个环节，利用移动终端，可在现场为客户呈现或修改产品，如图 1-4 所示。

要实现智能制造，需要将生产现场的设备连接起来，不仅仅是设备，还包括物料、工具和量具、移动小车等，即要实现物联网（Internet of Things，IOT），将互联网从人向物延伸。

实现IOT联接以后,一方面,可以将设备执行的数据采集出来,实现制造内容的公开化;另一方面,则是把计划、工艺、编程等指令数据下达到工位,推送到设备。一边是计划数据驱动,一边是执行数据采集,这就形成了数字孪生。CAD生成的产品数据和技术准备数据,通过PLM系统和工业云平台,传递到制造车间和供应商制造现场,实现设计和制造的贯通,如图1-5所示。

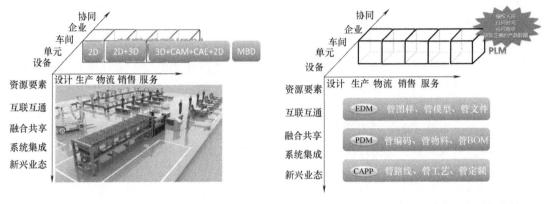

图1-4 广义的CAD 　　　　　　图1-5 PLM:产品数据及其全生命周期的管理

在生产制造环节,首先利用制造执行系统MES将智能装备联网通信。智能装备主要包括数控机床与工业机器人、增材制造装备、智能传感与控制设备、智能检测与装配装备、智能物流与仓储装备。经过排产形成生产计划,可将生产计划和工单推送到工位或设备,相关图样、制造工艺、程序代码等可随工单一起推送。通过IOT设备物联系统,可以采集制造过程中的设备信息、作业信息和质量信息。其次对采集的数据进行分析和可视化。从而形成数据闭环,然后对数据进行优化,改进制造过程,如图1-6所示。

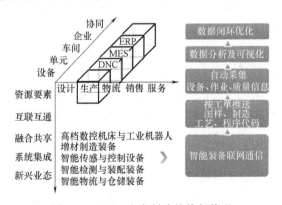

图1-6 MES:生产制造的执行管理

1.2 CAXA 工业软件产品介绍

数码大方是我国自主的工业软件和工业互联网公司。数码大方始终坚持技术创新,自主研发数字化设计、产品全生命周期管理、数字化制造软件,是我国早期从事此领域的软件公司,研发团队拥有多年专业经验积累,具有国际先进技术水平。

数码大方主要面向装备、汽车、电子电器、航空航天、教育等行业提供工业软件、智能制造解决方案、工业云平台等产品和服务。数码大方产品线完整，包含了数字化设计、产品全生命周期管理、数字化制造，贯通企业设计制造核心环节数字化。

1. 数字化设计产品

数码大方数字化设计产品已经形成 CAD/CAM/CAE/CAPP 一体化系列产品。

CAXA CAD 电子图板完全实现自主知识产权，具有界面美观，智能化操作，易学易用，稳定高效，全面兼容替代各种 CAD 平台等优点。

CAXA 3D 实体设计是集创新设计、工程设计和协同设计三种设计模式于一体的新一代三维 CAD 系统解决方案，能够实现产品数字样机的快速搭建和仿真，实现产品的系列化设计，提升设计效率，加快产品创新。

CAXA CAPP 工艺图表是企业工艺的高效率编制工具，可实现工艺数据的贯通和管理，提供图文混排、知识重用、工艺知识库、典型工艺和汇总统计等功能，能够实现 ERP 与工艺管理的数据对接，并重点支持汽车行业 IATF 16949 质量标准体系。

2. 数字化制造

数字化制造聚焦生产制造过程的业务协同，既可独立运行，也可形成设计工艺制造一体化系统。

CAXA CAM 制造工程师将 CAD 模型与 CAM 加工技术无缝集成，可直接对曲面、实体模型进行一致的加工操作。支持轨迹参数化和批处理功能，支持高速切削，大幅度提高加工效率和加工质量。通用的后置处理可向任何数控系统输出加工代码。

CAXA MES 制造过程管理对数控机床、工业机器人等智能装备进行联网、通信、采集和统计分析，通过系统集成在企业层面打通生产订单和库房之间的壁垒，形成一体化管理系统。

CAXA DNC 设备物联系统基于工业互联网，可实现设备与设备、设备与人、传感器和智能仪表之间的互联互通，为工业物联网应用提供了数据采集、存储和管理的平台。

3. 产品全生命周期管理

CAXA PLM 协同管理将成熟的二维 CAD、三维 CAD、PDM、CAPP 和 MES 集成在统一的协同管理平台上，覆盖设计、工艺和制造全流程，重点解决企业在深化信息化管理应用后面临的跨部门协同、区域协同以及企业产品数据全局共享的应用需求，实现企业数据流程和业务流程的全面贯通。

4. 工业云

大方工业云是以工业大数据为基础的多区域和多行业的云服务平台，整合了云计算、物联网、移动互联网以及协同设计和制造等技术，融合线下软件和线上服务，为企业、产业园区、行业提供云端协作平台及工业 SaaS 和工业 App 服务。

5. 智能制造解决方案

CAXA 智能制造解决方案以工业大数据为基础，以 CAD、PLM 和 MES 等工业软件以及工业云平台为载体，支持企业营销、研发、生产、供应、管理、服务等核心业务板块的数字化、网络化和智能化。它涵盖了装备智能化、产品智能化以及企业的研发、生产、服务等核心业务过程的智能化，其目的是提升企业快速响应客户需求并为客户创造价值的能力。CAXA 智能制造解决方案如图 1-7 所示。

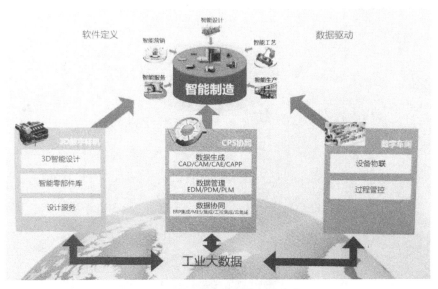

图 1-7 CAXA 智能制造解决方案

思考与练习题

1.1 什么是 CAD/CAM 技术?

1.2 我国工业软件发展现状与趋势如何?

1.3 CAD/CAM 技术的发展趋势如何?

第 2 章

CAXA CAM制造工程师

2.1 软件概述

CAXA CAM 制造工程师 2020 是基于 CAXA 3D 平台全新开发的 CAD/CAM 系统，采用全新的 3D 实体造型、线架曲面造型等混合建模方式，涵盖从两轴到五轴的数控铣削加工方式，支持数字孪生系统，从设计、编程、代码生成、加工仿真、机床通信、代码校验的闭环执行。

CAXA CAM 制造工程师 2020 取得的技术突破主要有以下几个方面：

1）CAM 功能的 3D 平台集成。重构 CAM 内核，强化内核算法，实现与 3D 平台集成。CAM 内核包括轨迹算法和线框仿真。

2）3D 线架内核与 3D 平台集成。重构 3D 线架内核，集成制造工程师 3D 线架构造能力，实现 3D 线架内核与 3D 平台的集成，保留制造工程师线架功能的灵活和易用的优点，同时全新的操作界面显著提高用户交互体验。

3）实现对多工件的加工。支持更多类型的毛坯创建，支持多毛坯，支持毛坯激活，提高数控加工的一致性及加工效率。

4）支持 2D/3D 自适应高效粗加工。利用刀具侧刃横体积去除材料的切削方法，粗加工效率明显提高，刀具使用寿命明显延长。

CAXA CAM 制造工程师 2020 有以下技术亮点：

1）丰富的元素库，提升实体建模能力。制造工程师 2020 采用 3D 实体设计平台，在保留制造工程师 2016 建模能力的基础上，拥有丰富的实体设计元素，可直接拖动，快速进行尺寸编辑，同时，结合 3D 实体设计特有的三维球工具进行位置编辑。

2）多样的加工策略，提高加工效率。制造工程师 2020 三轴加工新增六种加工策略，提高加工效率，加工方式的选择更加灵活便捷。

3）简明的管理树，加工工艺更清晰。管理树以树形图的形式，直观地展示当前文件的加工毛坯、坐标系、刀具、轨迹、代码等信息，并提供了管理树操作功能，便于用户执行各项与加工相关的命令。

4）坐标系的创建和编辑直观、清晰。坐标系支持三维球操作，使用一种方式创建坐标系即可满足各种场景要求。

5）坐标系支持多轴定向加工。轨迹参数支持自由创建，拾取坐标系，实现快速编程。

6）灵活的轨迹变换减少重复劳动。通过设置加工参数，可直接实现轨迹的平移、旋转和镜像操作。

7）边界和拾取工具，支持直接拾取零件上的实体边和草图等元素。

8）丰富的刀具节省编程时间。支持 17 种类型的刀具编程，支持预设刀具参数。

9）通用后置处理，支持各种机床通信。开放的后置设置功能，用户可根据企业的机床自定义后置，允许根据特种机床自定义代码，自动生成符合特种机床的代码文件用于加工。

10）内置代码编辑工具。在代码编辑对话框中，可以手动修改代码，设定代码文件名称与后缀，并保存代码。在右侧的备注框中可以看到轨迹与代码的相关信息，同时可直接向机床发送代码文件。

2.1.1 软件界面

软件界面是交互式 CAD/CAM 软件与用户进行信息交流的中介。系统通过界面反映当前信息状态及将要执行的操作，用户按照界面提供的信息作出判断，并经由输入设备进行下一步的操作。CAXA CAM 制造工程师 2020 的用户界面包括两种风格：Fluent 风格界面和经典界面。Fluent 风格界面主要使用功能区、快速启动工具栏和菜单按钮访问常用命令；经典风格界面主要通过主菜单和工具栏访问常用命令。用户可以通过快捷键<Ctrl+Shift+F9>在两种风格界面间切换。

CAXA CAM 制造工程师 2020 3D 实体设计环境最上方为快速启动栏、软件名称和当前文件名称。其下方是主菜单，主菜单下方是按照功能划分的功能区，中间是设计环境显示区，设计环境显示区上方为多文档标签页，左边显示设计树、属性等，右边是可以自动隐藏的设计元素库，最下方是状态条，主要有操作提示、视图尺寸、单位、视向设置、设计模式选择、配置设置等内容。如图 2-1 所示。

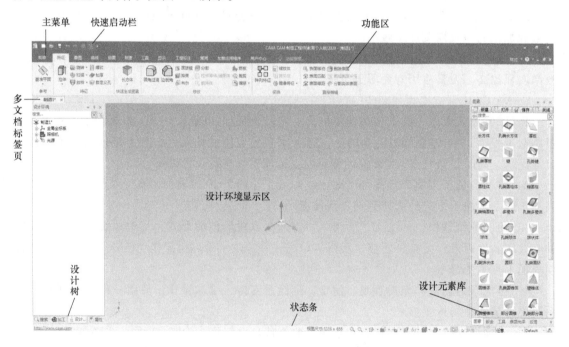

图 2-1　CAXA CAM 制造工程师 2020 3D 实体设计环境

1. 系统选项

操作路径：在主菜单选择【工具】→【选项】命令，打开图 2-2 所示【选项-常规】对话框，可以进行系统参数配置。

2. 自定义选项卡

操作路径：在功能区空白区域，单击鼠标右键，弹出右键菜单，如图 2-3 所示，可以自定义选项卡。

通过右键菜单中【自定义选项卡】命令，可以定义一些常用功能。单击图 2-4 所示对话框中的【自定义选项卡】选项卡中的【功能搜索】按钮，可以查询软件的全部功能，建议添加【创建零件】【导入几何体】【存为装配/零件】等命令，方便使用。通过右键菜单中的【用户自定义工具条/菜单/键盘按键】命令，可以自定义快捷键等。

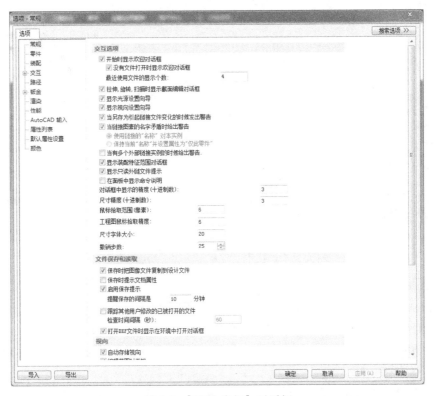

图 2-2　【选项-常规】对话框

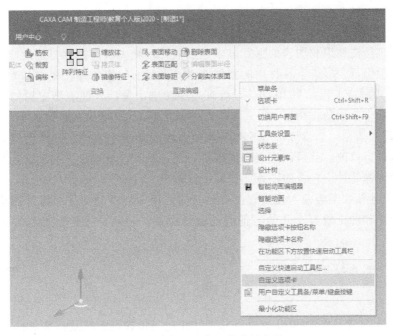

图 2-3　功能区空白区域右键菜单

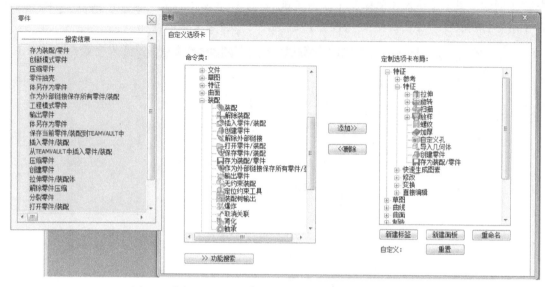

图 2-4 【自定义选项卡】选项卡中的【功能搜索】按钮

3. 设计元素库

CAXA CAM 制造工程师 2020 3D 实体设计元素库的作用在于配合拖放式操作直接生成三维实体。设计元素库所在路径：软件安装目录 \ Appdata \ zh-cn \ Catalogs \ Scene。设计元素库默认位置在实体设计环境右侧，如图 2-1 所示，用户也可以拖动设计元素库到实体设计环境中的任意位置。

目前可用的设计元素库有：图素、高级图素、动画、钣金、管道、阀体、关节件、钢结构、家具、工具、建筑、景观、纹理、表面光泽、颜色等。此外，用户还可以自定义设计元素库或获得其他人的共享图库。

4. 设计 \ 加工历史树

设计 \ 加工历史树以树图表的形式显示当前设计环境中所有内容，从设计环境本身到其中的产品/装配/组件、零件、零件内的智能图素、群组、约束条件、视向和光源等。

CAXA CAM 制造工程师 2020 实体设计环境中提供了设计 \ 加工历史树的查阅功能，该功能具有以下几个方面的作用：

1）提高设计效率。当设计一些轮廓结构相似度较高的零件时，可利用设计树仅对其中的某几个造型进行修改，就可以生成新的零件，无须从头进行设计。另外，还可以从设计历史树中快速地选择零件中包含的图素，提高设计速度。

2）共享设计及加工经验。通过查阅有经验的工程师的模型文件的设计历史树，就可以了解他们的设计和加工思路，并学习他们的设计及加工技巧，也是设计和加工分享的一种手段。

▶▶ 2.1.2 基本操作

1. 显示控制

CAXA CAM 制造工程师 2020 有以下几个常用的显示控制按钮及快捷键：

1）🖐 按钮：在平面内移动画面，快捷键<F2/Shift+鼠标中键>。

2）🕂按钮：任意角度旋转设计零件，快捷键<F3/鼠标中键>。

3）👆按钮：近距离或远距离观察零件，快捷键<Ctrl+鼠标中键>。

4）💈按钮：模拟在设计环境中进行的观察效果。

5）🔍按钮：动态缩放，快捷键：滚动鼠标滚轮。

6）🔍按钮：缩放窗口。

7）🟫按钮：在一个指定的画面中进行观察。

8）🔍按钮：全屏显示，快捷键：双击鼠标滚轮。

9）🟦按钮：选择透视效果，快捷键<F9>。

10）键盘中的按键：<F5>XY面正视，<F6>YZ面正视，<F7>XZ面正视，<F8>轴测视图，<F9>切换绘图平面（绘制曲线时）。

2．智能图素的拖放式操作

智能图素是 CAXA CAM 制造工程师 2020 3D 实体设计中的三维造型元素。标准智能图素是 CAXA CAM 制造工程师 2020 3D 实体设计中已经定义好的图素，包括长方体、圆锥体等常见的几何实体，还有各种孔类图素、标准件图素、三维文字图素等。这些图素按形状分类存储在设计元素库中，用户只需从设计元素库中将其拖放到 3D 设计环境里即可使用。

在 CAXA CAM 制造工程师 2020 3D 实体设计中，大部分零件的设计都是从单个图素开始的，这个图素可是标准智能图素，也可以是自定义图素。

智能图素的拖放操作有两种，使用鼠标左键分别拖放两个长方体后，两个长方体组成一个零件（图 2-5a）；当用鼠标右键拖放上面长方体后，显示右键菜单（图 2-5b），若选择【作为零件】命令，则两个长方体为两个独立零件（图 2-5c）。

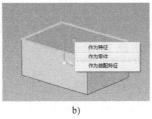
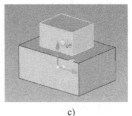

a)　　　　　　　　　　b)　　　　　　　　　　c)

图 2-5　智能图素的拖放操作

3．零件的编辑状态

零件在设计过程中可以具有三种不同的编辑状态，如图 2-6 所示。

（1）零件编辑状态　用鼠标左键在零件上单击，被选中的零件的轮廓绿色加亮显示，需要注意的是，零件的某一位置会同时显示一个表示相对坐标原点的锚点标记，这时的状态为零件编辑状态。用户在这一状态对零件进行操作，例如添加颜色、纹理等，会影响整个零件。

（2）智能图素编辑状态　用鼠标左键双击该零件，进入智能图素编辑状态。在这一状态下系统显示一个黄色的包围盒和六个方向的操作手柄，可通过编辑包围盒或操作手柄来改变实体的大小。

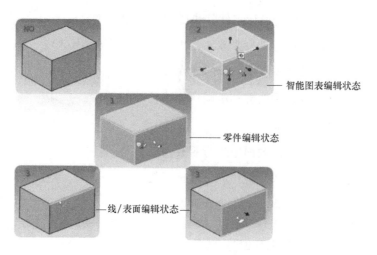

智能图表编辑状态

零件编辑状态

线/表面编辑状态

图 2-6　零件的编辑状态

（3）线/表面编辑状态　在同一零件的某一表面上再次单击，这时，被选中零件表面的轮廓呈绿色加亮显示，表示被选中的零件进入表面编辑状态。这时进行的任何操作只会影响被选中的表面，对于线有同样的操作与效果。

在软件下方人机交互提示框右侧，可以设置拾取过滤器，如图 2-7 所示，方便用户在编辑零件时进行快速筛选。

4. 编辑包围盒

在实体设计中，可以通过拖放的方式编辑零件的尺寸，以便快捷地进行创新设计。这一功能，就是通过包围盒来实现的。在默认状态下，双击实体，进入智能图素编辑状态，在这一状态下系统显示一个黄色的包围盒和六个方向的操作手柄。

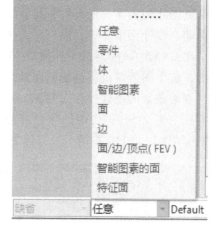

图 2-7　设置拾取过滤器

包围盒的主要作用是调整零件的尺寸。将光标放在操作手柄处，就会显示一个手形光标、双箭头和一个字母，字母表示此手柄调整的方向：L 为长度方向，W 为宽度方向，H 为高度方向。

在零件处于智能图素编辑状态时，用户可以对包围盒进行编辑，编辑包围盒的方法有以下几种。

（1）拖动包围盒操作手柄　零件在智能图素状态时有六个操作手柄，将光标定位在操作手柄上时，会显示一个手形光标，此时单击并拖动操作手柄，就会改变实体沿该方向的大小；松开鼠标弹出该方向尺寸文本框，可以直接输入数值进行尺寸的修改，如图 2-8 所示。

（2）利用快捷菜单　将光标定位在操作手柄上，单击鼠标右键，弹出快捷菜单，

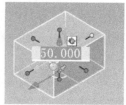

图 2-8　拖动包围盒操作手柄

选择【编辑包围盒】命令，弹出【编辑包围盒】对话框，如图 2-9 所示，在对话框中的【长度】【宽度】【高度】文本输入框中输入相应的尺寸数值，就可改变实体的大小。用户也可以在右键快捷菜单中选择其他命令，把该方向的尺寸拉伸到特定点上，例如【到中心】等。

需要注意的是，操作手柄方向上的尺寸是单向拉伸的，其他方向的尺寸是沿对称中心双向拉伸的。

图 2-9　【编辑包围盒】对话框

（3）利用智能图素属性　在智能图素编辑状态下，将光标定位在智能图素上（不要放置在操作手柄上），单击鼠标右键，弹出快捷菜单，选择【智能图素属性】对话框，弹出【拉伸特征】对话框，选择【包围盒】标签，在【尺寸】选项组中的【长度】【宽度】【高度】文本输入框中输入尺寸数值，并选择尺寸调整方式，就可改变实体的大小。如图 2-10 所示。

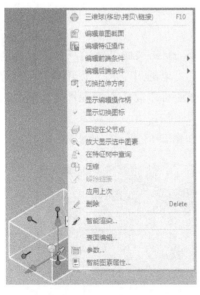

图 2-10　智能图素属性

5. 智能捕捉

绿色反馈是 CAXA CAM 制造工程师 2020 3D 实体设计智能捕捉功能的显示特征，智能捕捉到的面、边、点均以绿色加亮显示，绿色智能捕捉反馈是在零件上对图素进行可视化定位的一个重要辅助工具。

利用智能捕捉功能可以将新拖入的零件相对原有零件进行定位并确定新零件的大小。

智能捕捉功能有以下特点。

（1）图素迅速定位　在智能图素编辑状态选择并拖动图素的某个面或锚点时，即可激活智能捕捉功能。在零件表面上拖动光标时，当光标拖动点落到相对面、边或点上，绿色智能捕捉虚线和绿色智能捕捉点会自动显示，如图 2-11 所示。在零件设计过程中，通过智能捕捉功能，可以明显提高定位效率。

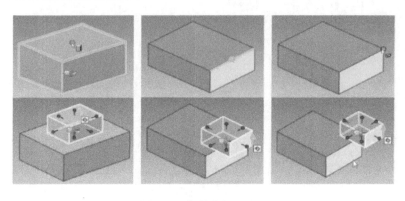

图 2-11　智能捕捉（一）

（2）定义图素大小　如图 2-12 所示，要改变上面长方体的大小，使 A 面与 B 面平齐，可单击上面的长方体，使其处于智能图素编辑状态，按住<Shift>键的同时单击并拖动操作手柄 A，使其与下面的长方体的表面 B 齐平，当光标移至与 B 面齐平位置时，A 面边缘呈绿色高亮显示，此时松开鼠标，A 面与 B 面平齐。

6. 三维球

三维球是 CAXA CAM 制造工程师 2020 3D 实体设计的一个强大而灵活的三维空间定位工具，可应用于装配定位、零件定位、特征定位等场合。它可以通过平移、旋转和其他复杂的三维空间变换，精确定位任何一个三维物体；同时三维球还可以完成对智能图素、零件或组合件进行复制、直线阵列、矩形阵列和圆形阵列的操作。

（1）三维球的结构与功能　默认状态下三维球的结构如图 2-13 所示。

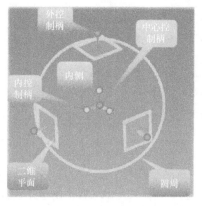

图 2-13　三维球的结构

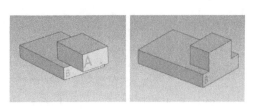

图 2-12　智能捕捉（二）

1）外控制柄（约束控制柄）　对轴线进行暂时的约束，使三维物体只能沿此轴线进行平移或绕此轴线进行旋转。

2）内控制柄（定向控制柄）　将三维球中心作为一个固定的支点进行对象的定向。内控制柄主要有两种使用方法：一是单击并拖动控制柄绕轴旋转三维球；二是单击鼠标右键，从弹出的快捷菜单中选择一个命令进行定向。

3）中心控制柄　主要用来进行点到点的移动。使用的方法是将它直接拖至目标位置或单击鼠标右键，从弹出的快捷菜单中选择一个命令。它还可以与约束的轴线配合使用。

4）二维平面　单击并拖动二维平面，可以在选定的虚拟平面中移动零件。

5）内侧　在内侧单击并拖动可以使其旋转，也可以单击鼠标右键，出现各种选项，对三维球进行设置。

6）圆周　单击并拖动圆周，可以围绕一条从视点延伸到三维球中心的虚拟轴线旋转。

（2）三维球的命令方式　三维球可以附着在多种三维物体上。在选中零件、智能图素、锚点、表面、视向、光源、动画路径关键帧等三维元素后，可通过单击【工具】主菜单中的三维球按钮 🕐 、单击所选对象上的按钮 🕐 、快捷键<F10>三种方式打开或关闭三维球。

（3）三维球的重新定位　激活三维球时，可以看到三维球的中心点在默认状态下与某一图素的锚点重合。这时移动图素，移动的距离都是以三维球中心点为基准，但是有时需要改变基准点的位置，这就涉及三维球的重新定位功能。使用<Space>键，可以进行三维球与所选特征的附着或分离操作，完成三维球的重新定位。

操作路径：单击零件，单击三维球按钮打开三维球；按<Space>键，三维球变成白色；移动三维球调整到所需位置（实体将不随之运动）；再次按<Space>键，三维球变回原来的颜色，此时可以对相应的实体继续进行操作。图2-14a所示为三维球与特征附着状态，图2-14b所示为三维球与特征分离状态。

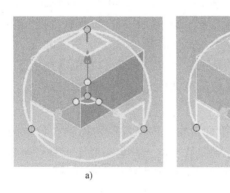

a)　　　　　　　　　　b)

图2-14　三维球与所选特征的附着和分离状态

▶▶ 2.1.3　二维草图

如果设计元素库中所包含的图素不能满足特殊零件造型，就需要采用特征生成工具生成自定义图素。草图是特征生成所依赖的曲线组合，是为特征造型准备的一个平面封闭图形。在草图上绘制二维平面图形，再利用其他功能将二维平面图形延伸成三维实体或曲面。草图设计作为零部件设计的基础，在设计中有着至关重要的作用。

绘制草图的过程可分为：创建草图→确定草图基准平面→草图的绘制与修改→草图约束→草图检查→草图参数化修改→输入二维草图等。

1. 创建草图

单击【二维草图】按钮，弹出设置二维草图定位类型的【属性】对话框，如图 2-15 所示。按照命令管理栏中的提示，选择合适的方式定位草图平面，即可进入草图，开始二维草图的绘制。绘制完成后，单击【确认】按钮 ✓，完成一个二维草图的生成，并退出二维草图界面。

2. 确定基准平面

草图中的曲线必须依赖于一个基准面，开始绘制一个新草图前必须选择一个基准面。基准面可以是设计树中已有的坐标平面（如 X-Y、X-Z、Y-Z 平面），也可以是实体的某个表面所在平面，还可以是构造出的平面。

（1）选择基准平面　单击【二维草图】按钮下方的小箭头

图 2-15　【属性】对话框

，会出现图 2-16 所示的基准面列表，此时可以选择直接选择基准面新建草图。

（2）构造基准平面　CAXA CAM 制造工程师 2020 3D 实体设计提供了十种草图基准面的生成方式，如图 2-15 所示。

1）点。当设计环境为空时，在设计环境选取一点，就会生成一个默认的与 X-Y 平面平行的草图基准面。当设计环境显示区中存在实体时，生成基准面时系统提示"选择一个点确定 2D 草图的定位点"，若拾取实体某面上的点，那么就在这个面上生成基准面。当在设计环境显示区中拾取三维曲线上的点时，则系统会在相应的拾取位置上生成基准面，并且生成的基准面与曲线垂直。当在设计环境显示区中拾取平面曲线时，生成的基准面为过该平面曲线端点的 X-Y 平面。

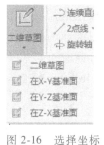

图 2-16　选择坐标
平面新建草图

2）三点平面。拾取三点建立基准面，生成的基准面的原点在拾取的第一个点上。这三个点可以是实体上的点，也可以是三维曲线上的点。如果是平面曲线可以利用鼠标右键快捷菜单中的【生成三维曲线】命令实现平面曲线到三维曲线的转换。

3）过点与面平行。生成的基准面与已知平面平行并且过已知点。这平面可以是实体的表面和曲面。拾取的点可以是实体上的点和三维曲线上的点。如果是平面曲线可以利用鼠标右键快捷菜单中的【生成三维曲线】命令实现平面曲线到三维曲线的转换。

4）等距面。生成的基准面由已知平面法向平移给定的距离而得到。生成基准面的方向由输入距离的正、负符号来确定。平面可以是实体上的面和曲面。

5）过线与已知面成夹角。与已知的平面成给定的夹角，并且过已知的直线。这里的线和面必须是实体的面和棱边。

6）过点与柱面相切。所得到的基准面与柱面相切，并且过空间一点。柱面可以是曲面和实体的表面；空间一点可以是三维曲线和实体棱边上的点。如果是平面曲线可以利用鼠标右键快捷菜单中的【生成三维曲线】命令实现平面曲线到三维曲线的转换。

7）二线、圆、圆弧、椭圆确定面。由于两条直线、一个圆、一个圆弧和一个椭圆都可以确定一个平面，那么直接拾取它们就可以生成所需要的基准面。这两条直线、一个圆、一个圆弧和一个椭圆必须是三维曲线和实体上的棱边。如果是平面曲线，可以利用鼠标右键快捷菜单中的【生成三维曲线】命令实现平面曲线到三维曲线的转换。

8）过曲线上一点的曲线法平面。选择曲线上的任意一点，所得到的基准面与曲线上这一点的切线方向垂直，使用最多的是选择曲线的端点。这个曲线可以是三维曲线、曲面的边、实体的棱边。若必须使用二维草图曲线，可以利用鼠标右键快捷菜单中的【生成三维曲线】命令实现平面曲线到三维曲线的转换。

9）过点与面垂直。选择一个点，再选择一个表面，得到通过此点与表面垂直的基准面。

10）平面/表面。选择一个平面/表面，所得到的基准面包括该平面/表面。

（3）基准面重新定向和定位　利用草图的定位锚可以对草图进行重新定位。利用三维球可以更为便捷地对基准面进行定向和定位。打开已经生成的基准面的三维球，利用它的旋转、平移等功能对其所附着的基准面进行定向和定位操作。

3. 草图绘制与修改

利用 CAXA CAM 制造工程师 2020 3D 实体设计的【草图】主菜单中的命令，可以方便地绘制直线、圆、切线和其他几何图形。【草图】主菜单及功能按钮如图 2-17 所示。

图 2-17　【草图】主菜单及功能按钮

所有图形的绘制，可以通过单击命令按钮绘制可视化图形进行确定，也可以通过右键快捷菜单精确确定，还可以在左侧的命令管理栏中输入精确数值确定。在草图状态下绘制的草图一般要进行修改，在草图状态下进行的修改操作只与该草图相关，不能编辑其他草图曲线或空间曲线。草图只有处于打开状态时，才可以被修改。

4. 草图约束

约束功能可以对绘出图形的长度、角度、平行、垂直、相切等添加限制条件，并且以图形方式在草图平面上显示，方便用户浏览所有的信息。约束条件可以编辑、删除或恢复关系状态。约束求解模式可以通过二维草图设置对话框中的【约束】选项卡进行设置，单击鼠标右键，弹出右键快捷菜单，选择【约束】命令，出现【二维草图选择】对话框，如图 2-18 所示。

需要注意的是，在进行约束时，CAXA CAM 制造工程师 2020 3D 实体设计默认的是选择的第一条曲线重定位，选择的第二条曲线保持固定。

5. 草图检查

从二维草图生成三维造型时，CAXA CAM 制造工程师 2020 3D 实体设计都会进行草图

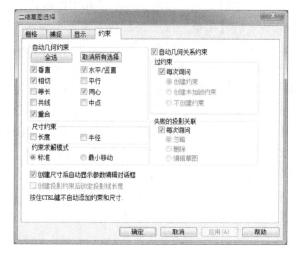

图 2-18 【二维草图选择】对话框

检查。如果轮廓敞开或为任何形式的无效草图，那么在试图将该几何图形拉伸成三维图形时，屏幕上就会出现图 2-19 所示对话框。这时系统无法将二维草图生成三维造型，原因会在对话框中的【细节】选项组中显示，对应的草图问题会以大红点显示。

图 2-19 草图检查

6. 草图参数化修改

在给二维草图上的两个约束尺寸之间添加参数化关系方面，CAXA CAM 制造工程师 2020 3D 实体设计为用户提供了简单明了的方法。具体操作步骤如下：

1）在草图平面绘制几何图形。

2）对所绘制的图形进行尺寸约束。

3）在草图平面的空白区域单击鼠标右键，在弹出的快捷菜单中选择【参数】命令。

4）在【参数表】对话框中，编辑参数，如图 2-20 所示。

这些参数是在尺寸约束生成时，系统自动生成的系统定义参数。在【参数表】对话框中，勾选【预览改变】复选框，表示每次修改一个尺寸约束，图形将改变，取消勾选【预览改变】复选框，表示同时修改多个尺寸约束后，图形发生改变，即采用多尺寸编辑后一起驱动图形的方式。

7. 输入二维图形

CAXA CAM 制造工程师 2020 3D 实体设计支持把 .exb 格式文件和 .dwg/dxf 格式文件输入到草图平面中，可方便地实现从二维草图到三维曲线的转换。进入草图工作平面，从【文件】下拉菜单中选择【输入】命令或在草图栅格的空白区域单击鼠标右键，并从随后弹出的快捷菜单中选择【输入】命令，在弹出的对话框中选择所需文件，然后单击【打开】按钮或双击文件。

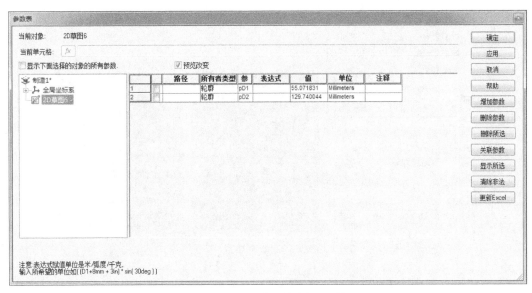

图 2-20 草图【参数表】对话框

在输入这些文件之前，需要对实体设计的输入单位进行设定。方法如下：在主菜单中选择【工具】→【选项】命令，在【AutoCAD 输入】选项卡中设置【默认长度单位】为【毫米】。

2.2 曲线曲面造型

CAXA CAM 制造工程师 2020 3D 实体设计提供了丰富的曲面造型手段，构造曲面的关键是搭建线架构，在线架构的基础上选用各种曲面的生成方法，构造定义的曲面来描述零件的轮廓。在 CAXA CAM 制造工程师 2020 3D 实体设计中曲线的设计分为两大类：二维曲线和三维曲线。构造曲面的基础是线架构，搭建线架构的基础是三维曲线。

2.2.1 三维曲线

【曲线】功能区如图 2-21 所示。CAXA CAM 制造工程师 2020 将电子图板的绘图方式集成在【曲线】功能区，作为线框造型的一种方法，可以进行绘图、修改、查询等操作。

图 2-21 【曲线】功能区

CAXA CAM 制造工程师 2020 有多种生成三维曲线的方法。

1. 轮廓曲线

轮廓曲线通过曲面及实体的边界创建 3D 轮廓，如图 2-22 所示。

2. 曲面交线

曲面交线是将二个曲面相交，求出相交部分的交线，如图 2-23 所示。

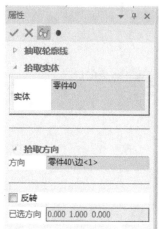

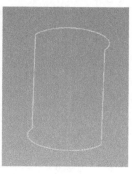

图 2-22　轮廓曲线

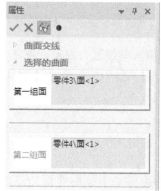

图 2-23　曲面交线

3. 等参数线

曲面都是根据 U、V 两个方向的参数建立的，即每确定一个 U、V 参数都有一条曲面上的曲线与之对应。生成曲面上给定点的等参数线时，先选取曲面，再输入点。图 2-24 所示为过边线中点生成等参数线。

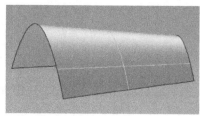

图 2-24　过边线中点生成等参数线

4. 公式曲线

公式曲线是用数学表达式表示的曲线图形，也就是根据数学公式（参数表达式）绘制出相应的曲线。公式曲线提供了一种更方便、更精确的作图手段，以适应某些精确的形状和轨迹线形的作图设计。只要在对话框中选择公式曲线名称、设置参数，系统便会自动绘制出该公式描述的曲线，如图 2-25 所示。

公式曲线可使用的数学函数有：［sin］［cos］［tan］［asin］［acos］［atan］［sinh］［cosh］［tanh］［sqrt］［fabs］［ceil］［floor］［exp］［log］［log10］［sign］共 17 个函数。定义元素时函数的使用格式与 C 语言中的用法相同，所有函数的参数须用括号括起来，且参数本身也可以是表达式。

三角函数［sin］［cos］［tan］的参数单位为°，例如 $\sin(30)=0.5$，$\cos(45)=0.707$。

反三角函数［asin］　　［acos］　　［atan］的返回值单位为°，例如 $\arccos(0.5)=60$，$\text{atan}(1)=45$。

［sinh］［cosh］［tanh］为双曲函数。

$\text{sqrt}(x)$　表示 x 的平方根，例如 $\text{sqrt}(36)=6$。

$\text{fabs}(x)$　表示 x 的绝对值，例如 $\text{fabs}(-18)=18$。

$\text{ceil}(x)$　表示大于等于 x 的最小整数，例如 $\text{ceil}(5.4)=6$。

$\text{floor}(x)$　表示小于等于 x 的最大整数，例如 $\text{floor}(3.7)=3$。

$\exp(x)$　表示 e 的 x 次方。

$\log(x)$　表示 $\ln x$（自然对数），$\log10(x)$ 表示以 10 为底的对数。

图 2-25　【公式曲线】对话框

sign(x) 在 x 大于 0 时返回 x，在 x 小于或等于 0 时返回 0，例如 sign(2.6) = 2.6，sign(-3.5) = 0。

幂运算用^表示，例如 x^5 表示 x 的 5 次方。

求余运算用%表示，例如 18%4 = 2，2 为 18 除以 4 后的余数。

在表达式中，乘号用"＊"表示，除号用"／"表示；表达式中没有中括号和大括号，只能用小括号。

合法的表达式：5＊h＊sin(30)-2＊d^2/sqrt(fabs(3＊t^2-x＊u＊cos(2＊alpha)))。

5. 曲面投影线

曲面投影线支持将一段或多段线投影到一个或多个面上，如图 2-26 所示。

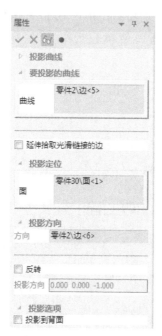
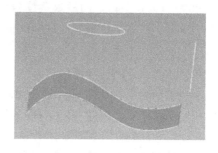
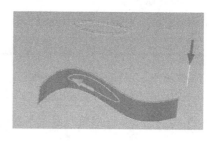

图 2-26　曲面投影线

6. 组合投影曲线

组合投影曲线是将两根不同方向的曲线沿各自指定的方向做拉伸曲面，这两个曲面所形成的交线就是组合投影曲线，如图 2-27 所示。在实体设计中可以选择沿两种投影方向生成组合投影曲线，默认状态下是【法向】。

7. 包裹曲线

包裹曲线是将草图曲线或位于同一平面内的三维曲线包裹到圆柱面上。

8. 桥接曲线

桥接曲线是拾取任意两个三维曲线的端点生成桥接曲线，连接方式有相切（G1）或曲率（G2），如图 2-28 所示。

9. 拟合曲线

拟合曲线是将多段首尾相接的空间曲线以及模型边界线拟和为一条曲线，以方便后续操作。当多段首尾相接的曲线是光滑连接时，使用拟合曲线功能的结果是不改变曲线的状态，只是把多段曲线拟合为一条曲线；当多段首尾相接的曲线不是光滑连接时，使用拟合曲线功

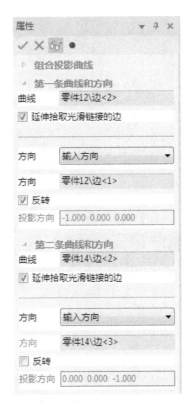

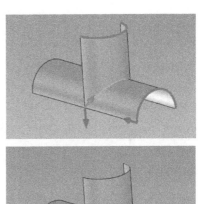

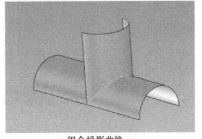

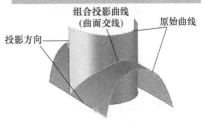

图 2-27　组合投影曲线

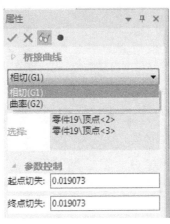

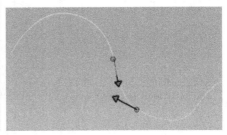

图 2-28　桥接曲线

能的结果将改变曲线的形状,将多段曲线拟合为一条曲线并保证光滑连续。当导动曲面和扫描特征时,由于导动曲线必须是光滑连接的,假设曲线在设计过程中没能光滑连接,在曲线有很多段且不好处理的情况下,可采用该功能将曲线处理光顺,这也是曲线光顺的一种处理方式,如图 2-29 所示。

2.2.2　曲面生成与编辑

曲面生成及编辑工具条如图 2-30 所示。

 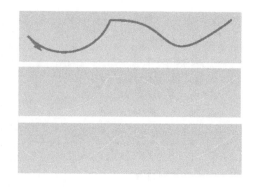

图 2-29　拟合曲线

图 2-30　【曲面】及【曲面编辑】工具条

1. 曲面生成

（1）旋转面　按给定的起始角度和终止角度将曲线绕一旋转轴旋转而生成的轨迹曲面，如图 2-31 所示。

【轴】：选择一条草图线或一条空间直线作为旋转轴。

【曲线】：拾取空间曲线作为母线。

【旋转起始角度】：生成曲面的起始位置。

【旋转终止角度】：生成曲面的终止位置。

【反向】：当给定旋转起始角和旋转终止角后，确定旋转的方向是顺时针还是逆时针。如不合要求，勾选此复选框。

【拾取光滑连接的边】：如果旋转面的截面是由两条以上光滑连接的曲线组成，

图 2-31　旋转面

勾选此复选框，将成为链拾取状态，多个光滑连接曲线将被系统同时拾取。

【增加智能图素】：创新模式下把两个曲面合为一个零件时设置该项参数。

需要注意的是，在选择方向时，箭头方向与曲面旋转方向均遵循右手螺旋法则。

（2）直纹面　直纹面是由一根直线的两端点分别在两曲线上做匀速运动而形成的轨迹曲面。根据直纹面的生成条件，有曲线-曲线、曲线-点、曲线-曲面、垂直于面四种方式生成直纹面，如图 2-32～图 2-35 所示。

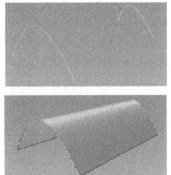

图 2-32　曲线-曲线生成直纹面　　　　　　　　　图 2-33　曲线-点生成直纹面

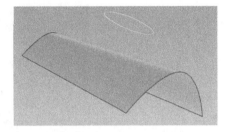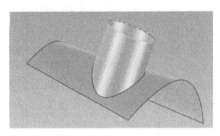

图 2-34　曲线-曲面生成直纹面

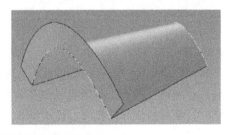

图 2-35　垂直于面生成直纹面

（3）导动面　特征截面线沿着特征轨迹线的某一方向扫动生成曲面。导动面生成方式有：平行导动、固接导动、导动线+边界线导动、双导动线导动。

生成导动面的思路是选取截面曲线或轮廓线沿着另外一条轨迹线扫动生成曲面。为了满足不同形状的要求，可以在扫动过程中，对截面线和轨迹线施加不同的几何约束，让截面线和轨迹线之间保持不同的位置关系，就可以生成形状多样的导动曲面。例如在截面线沿轨迹线运动过程中，可以让截面线绕自身旋转，也可以让截面线绕轨迹线扭转，还可以对其进行变形处理，这样就产生形状多样的导动曲面。

1）平行导动：截面线沿导动线趋势始终平行于自身移动而扫动生成曲面，截面线在运动过程中没有任何旋转，如图 2-36 所示。

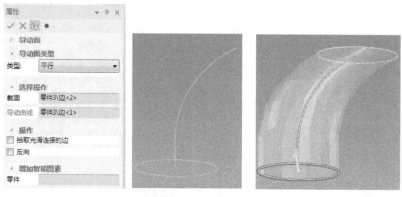

图 2-36　平行导动

2）固接导动：在导动过程中，截面线和导动线保持固接关系，即让截面线平面与导动线的切矢方向保持相对角度不变，而且截面线在自身相对坐标系中的位置关系保持不变，截面线沿导动线变化的趋势导动生成曲面。固接导动有单截面线和双截面线两种，也就是说截面线可以是一条或两条，如图 2-37 所示。

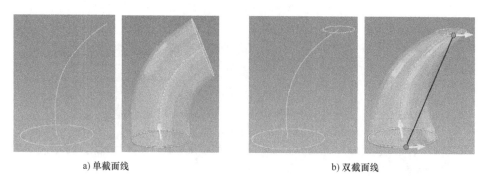

a) 单截面线　　　　　　　　　　　　　b) 双截面线

图 2-37　固接导动

3）导动线+边界线导动：截面线按以下规则沿一条导动线扫动生成曲面（这条导动线可以与截面线不相交，可作为一条参考导动线），规则如下：运动过程中截面线平面始终与导动线垂直；运动过程中截面线平面与两边界线需要有两个交点；对截面线进行放缩，将截面线横跨于两个交点上。截面线沿导动线按上述规则运动时，就与两条边界线一起扫动生成曲面。截面线可以是一条或两条，高度类型有【固接】和【变半径】两种，如图 2-38 所示。

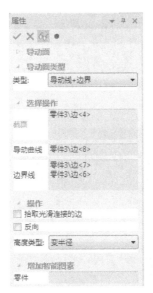
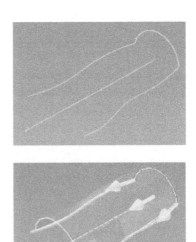

图 2-38　导动线+边界线导动

4）双导动线导动：将一条或两条截面线沿着两条导动线匀速地扫动生成曲面。导动面的形状受两条导动线的控制，高度类型有【固接】和【变半径】两种，如图 2-39 所示。

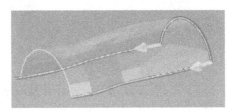

图 2-39　双导动线导动

需要注意的是，导动线和截面线应当是光滑曲线。在两条截面线之间进行导动时，拾取两条截面线时应使得它们方向一致，否则曲面将发生扭曲，形状不可预料。

（4）放样面　以一组互不相交、方向相同、形状相似的特征线（或截面线）为骨架进行形状控制，过这些曲线蒙面生成的曲面称为放样曲面，如图 2-40 所示。

（5）网格面　以网格曲线为骨架，蒙上自由曲面生成的曲面称为网格曲面。网格曲线是由特征线组成的垂直的相交线。

生成网格面的思路：首先根据构造曲面的特征网格线确定曲面的初始骨架，然后用自由

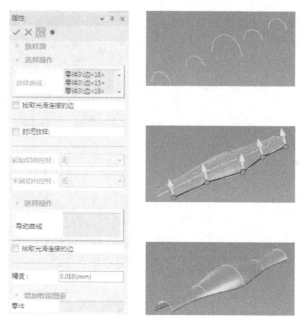

图 2-40　放样面

曲面插值特征网格线生成曲面。由于一组截面线只能反映一个方向的变化趋势，所以可以引入另一组截面线来限定另一个方向的变化，这便形成了一个网格骨架，控制住 U、V 两个方向的变化趋势，使特征网格线基本反映出设计者想要的曲面形状，如图 2-41 所示。

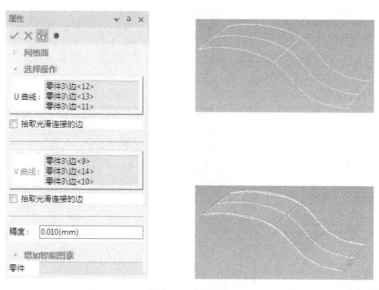

图 2-41　网格面

需要注意的是，拾取的每条 U 向曲线与所有 V 向曲线都必须有交点；拾取的曲线应当是光滑曲线，如果网格面的截面是由两条以上光滑连接的曲线组成，勾选【拾取光滑连接的边】复选框，将成为链拾取状态，多个光滑连接曲线将被系统同时拾取；曲面的边界线可以是实体的棱边。特征网格线有以下要求：网格曲线组成网状四边形网格，规则四边网格与不规则四边网格均可，不允许有三边域、五边域和多边域。

（6）提取曲面　从零件上提取零件的表面，生成曲面，如图 2-42 所示。

图 2-42　提取曲面

【强制生成曲面】：如果不勾该复选框，则在提取的曲面能够构成一个封闭曲面时，系统会自动将其转换为实体。

（7）平面　可以通过三点平面、向量平面、曲线平面、坐标平面等多种方式创建指定大小的平面，如图 2-43 所示。

【平面类型】：指定创建平面的方式。

【中心线选择】：确定曲面中心法线的坐标。

【选择操作】：选择合适的几何图素确定平面的位置。

【参数】：指定平面的长度和宽度以及相对 X 轴的旋转角度。

图 2-43　平面

2. 曲面编辑

（1）实体化　将可以构成封闭体的多个曲面转化为实体模型，也支持将曲面和实体构成的封闭体转化为实体模型。

【精度】：控制实体化过程中曲面的缝合精度，小于设置精度下的缝隙会被系统忽略。

（2）曲面延伸　对曲面进行延伸，可以选择曲面的多条边同时进行延伸，如图 2-44 所示。

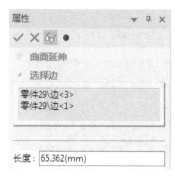
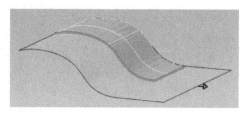

图 2-44　曲面延伸

（3）曲面缝合　将多个曲面通过曲面缝合命令组合到一起。如图 2-45 所示，图形由 5 个面组成（设计树显示为 5 个零件），通过曲面缝合，成为一个几何体（设计树显示为 1 个零件）。

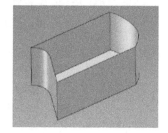

图 2-45　曲面缝合

（4）偏移曲面　将已有曲面或实体表面按照偏移一定距离的方式生成新的曲面，如图 2-46 所示。

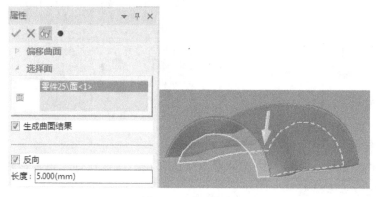

图 2-46　偏移曲面

（5）填充面　填充面生成方法类似于边界面，但是它能由多个连续的边界线生成。另外，填充面作为曲面智能图素，当选择一个现有曲面的边缘作为它的边界时，可以设置填充面与已有曲面相接或接触，如图2-47所示。

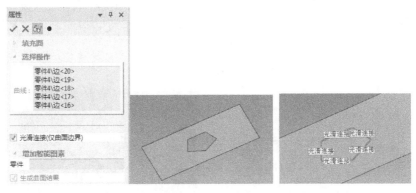

图 2-47　填充面

（6）曲面裁剪　曲面裁剪是对生成的曲面进行修剪，去掉不需要的部分。该功能可用于曲面间的修剪，以获得所需要的曲面形态，如图2-48所示。

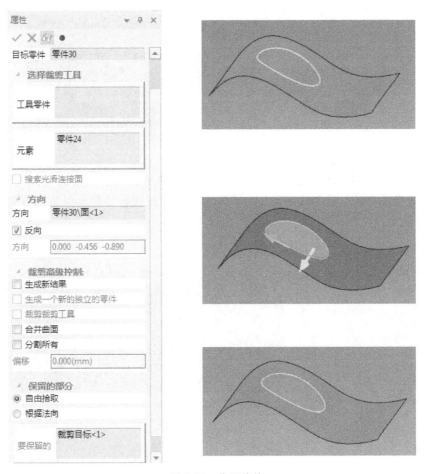

图 2-48　曲面裁剪

（7）还原裁剪曲面　将被裁剪的曲面恢复到原始曲面状态。如果拾取的曲面裁剪边界是内边界，系统将取消对该边界的裁剪；如果拾取的曲面是外边界，系统会将外边界恢复到原始边界状态。

需要注意的是，该功能不仅能恢复裁剪曲面，实体的表面同样能够被恢复。

（8）曲面过渡　生成两个或多个曲面之间的圆角过渡，支持等半径、变半径、曲线曲面、曲面上线四种圆角过渡方式，如图 2-49 所示。

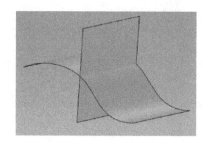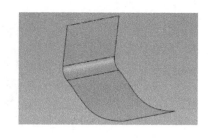

图 2-49　曲面过渡

（9）合并曲面　可将多个连接曲面合并为一个光滑的曲面，当勾选【保持第一个曲面的定义】复选框后再进行合并曲面操作时，先选择的曲面在合并后会保持原有的曲面形状，如图 2-50 所示。

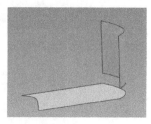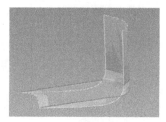

图 2-50　合并曲面

▶▶ 2.2.3　应用案例：五角星造型

根据图 2-51 所示图样，完成五角星造型。

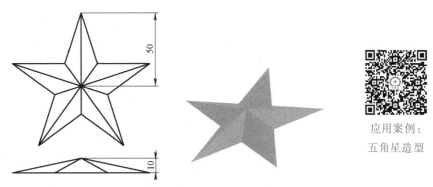

应用案例：
五角星造型

图 2-51　五角星零件图

1. 案例分析

五角星表面主要由 10 个三边面组成，其中三边面的形状均相同。因此可考虑采用三维曲线命令构建五角星的线框结构，然后通过曲面命令将线框转化为曲面，完成五角星的造型，具体流程如图 2-52 所示。

2. 造型步骤

1）单击【曲线】主菜单中的【三维曲线】按钮 ，按<F9>键切换作图平面为 X-Y 平面，并按<F5>键使 X-Y 平面正视。单击【圆】按钮，设置坐标原点为【圆心点】，设置半径 R 为【50】，按<Enter>键。单击【正多边形】按钮，选择【中心定位】【给定边长】，设置边数为【5】，旋转角为【0】，拾取圆心点及其边线。单击【直线】按钮，选择【两点线】【连续】，连接五边形各个端点，结果如图 2-53 所示。

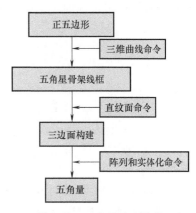

图 2-52　五角星造型流程

2）选择【删除】和【裁剪】命令，去除多余线条，结果如图 2-54 所示。

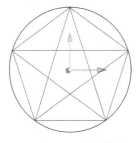

图 2-53　正五边形轮廓

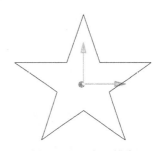

图 2-54　五角星轮廓

3）按<F9>键切换作图平面为 Z-X 平面，并按<F7>键使 Z-X 平面正视。单击【直线】按钮，选择【两点线】【单根】【正交】，拾取原点，设置长度为【10】。利用【直线】命令将五角星与直线端点连接，如图 2-55 所示。单击【阵列】按钮，选择【圆形阵列】【旋转】【均布】设置份数为【5】，拾取上步绘制的两条直线，单击鼠标右键，在弹出的快捷菜单中选择【中心点】命令，结果如图 2-56 所示。

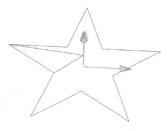

图 2-55　直线连接

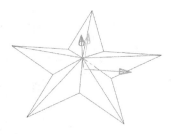

图 2-56　五角星骨架线框

4）单击【曲面】主菜单中的【直纹面】按钮 直纹面，设置类型为【曲线-曲线】，拾取图 2-56 所示五角星骨架线框中的两条直线，如图 2-57 所示；重复【直纹面】命令，使其他两条直线构造成曲面，如图 2-58 所示。

注意，单击两条直线的位置应相对应！

图 2-57　三边面创建

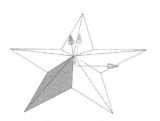

图 2-58　三边面

5）选择图 2-58 所示两直纹面，单击主菜单上的三维球按钮 ，结果如图 2-59 所示。按<Space>键，将光标放在红色圆点上，单击鼠标右键，在弹出的快捷菜单中选择【到点】命令，拾取坐标系原点。将光标放在灰色圆点上，单击鼠标右键，在弹出的快捷菜单中选择【与边平行】命令，拾取长度为 10mm 的直线，结果如图 2-60 所示。

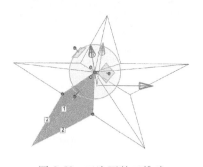

图 2-59　三边面的三维球

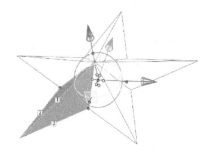

图 2-60　三维球变换

6）按<Space>键，使三维球变亮。单击三维球顶部红点，显示 Z 向旋转轴。单击鼠标右键并拖动直纹面，立即松开鼠标右键，在弹出的快捷菜单中选择【生成圆形阵列】命令，在图 2-61 所示【阵列】对话框中设置相关参数。

7）单击【填充面】按钮 填充面，选择底面的 10 条边线，使底部封闭，如图 2-62 所示。

8）单击【实体化】按钮 实体化(S)，框选图中所有曲面，结果如图 2-63 所示。

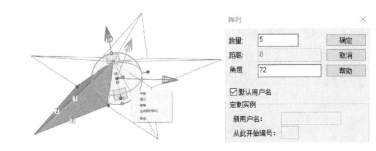

图 2-61　曲面阵列

图 2-62　五角星底面填充

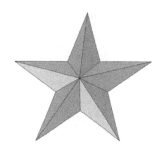

图 2-63　五角星实体化

2.3　实体特征构建

CAXA CAM 制造工程师 2020 3D 实体设计在实体特征的构建方面是延伸草图的设计概念，通过草图中建立的二维草图截面，利用设计环境所提供的功能，建立三维实体。为了完善特征的细节设计，CAXA CAM 制造工程师 2020 3D 实体设计还提供了修改和编辑功能，对三维实体特征进行编辑与修改。【特征】主菜单及功能按钮如图 2-64 所示。

图 2-64　【特征】主菜单及功能按钮

▶▶ 2.3.1　特征生成与修改

1. 特征生成

CAXA CAM 制造工程师 3D 实体设计提供了四种由二维草图轮廓延伸为三维实体的方法，它们是拉伸、旋转、扫描及放样，使用这四种方法既可以生成实体特征，也可以生成曲面。如果此时在设计环境中存在需要拉伸的草图，则单击该草图，它的名称出现在【选择草图】下；如果不存在，可以单击【创建草图】按钮创建一个新草图进行拉伸。

（1）拉伸　沿第三个坐标轴拉伸二维草图轮廓并添加一个高度，从而生成三维特征。

操作路径：单击【拉伸】按钮，选择新生成的一个独立零件，进入【属性】对话框。

设置轮廓为绘制的草图，并进行相关参数的设置。【拉伸】命令可以进行生成曲面、拉伸增料、拉伸除料三种操作，如图 2-65 所示。

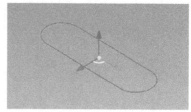
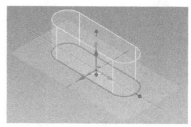

图 2-65　拉伸

（2）旋转　利用旋转方式把一个二维草图轮廓沿着它的旋转轴生成三维造型。

操作路径：单击【旋转】按钮，选择新生成的一个独立零件，进入【属性】对话框。设置轮廓为绘制的草图，轴为系统默认的旋转轴 Y 轴，也可以单击【草图】主菜单中的【旋转轴】按钮绘制旋转轴，并进行相关参数的设置，如图 2-66 所示。

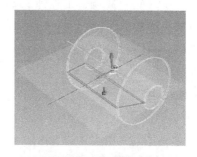

图 2-66　旋转

（3）扫描　二维草图轮廓沿指定路径扫描生成三维造型。以扫描方式生成的三维造型，其两端表面完全一样。

操作路径：单击【扫描】按钮，选择新生成的一个独立零件，进入【属性】对话框。设置轮廓为绘制的草图。【路径】选择草图绘制，可以为一条直线、一系列连续线条、一条 B 样条曲线或一条三维曲线，并进行相关参数的设置，如图 2-67 所示。

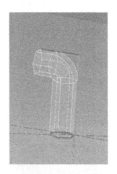
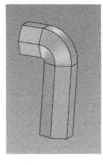

图 2-67　扫描

（4）放样　放样设计的对象是多重草图截面，根据截面沿定义的轮廓定位曲线生成一个三维造型，如图 2-68 所示。

（5）螺纹　可以在圆柱面或圆锥面上生成真实的螺纹特征。通过填写参数表及选择绘制好的螺纹截面、生成螺纹的面，就可以自动生成真实的螺纹特征，并能够自动完成螺纹收尾。

操作路径：生成一个圆柱体；在草图状态下绘制螺纹截面；单击【螺纹】按钮，选择圆柱体零件，进入特征生成对话框并进行相关参数的设置，如图 2-69 所示。

（6）加厚　此功能可以对表面进行加厚操作，该加厚表面的图素在设计环境中以一个实体零件显示，如图 2-70 所示。

（7）自定义孔　利用草图绘制多个点，一次生成多个不同位置的自定义孔。

操作路径：生成一个圆柱体；绘制螺纹截面；单击【自定义孔】按钮，选择自定义孔类型；选择定位草图，在草图上确定孔的位置，如图 2-71 所示。

2. 特征修改

（1）圆角过渡　对零件的棱边实施凸面过渡或凹面过渡。在对话框中，能够检查当前设置的参数值、实施需要的编辑操作或添加新的过渡。CAXA CAM 制造工程师 3D 实体设计提供等半径、两个点、变半径、等半径面过渡、边线和三面过渡六种过渡方式，如图 2-72 所示。

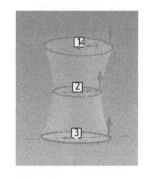

图 2-68　放样

图 2-69　螺纹

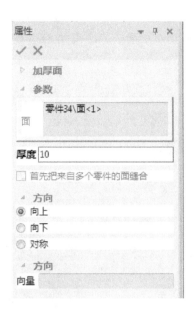

图 2-70　加厚曲面

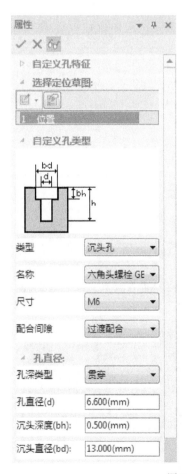

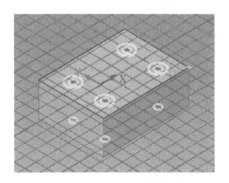

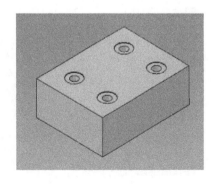

图 2-71　自定义孔

（2）倒角　将尖锐的直角边线磨成平滑的斜角边线。CAXA CAM 制造工程师 2020 3D 实体设计提供距离、两边距离、距离-角度、双距离、四距离、二距离-角度和变距离七种倒角方式，如图 2-73 所示。

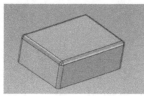

图 2-72　圆角过渡　　　　　　　　　　　　　图 2-73　倒角

（3）面拔模　在实体选定面上形成特定的拔模角度。实体设计可以做出中性面、分模线和阶梯分模线三种面拔模形式，如图 2-74 所示。

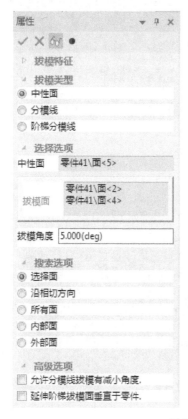
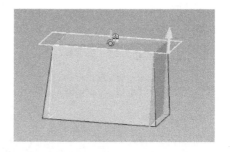
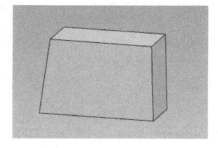

图 2-74　面拔模

（4）抽壳　挖空一个图素的过程。这一功能可用于制作容器、管道和其他中空的模型。当对一个图素进行抽壳操作时，可以设置剩余壳壁的厚度。CAXA CAM 制造工程师 2020 3D 实体设计提供了内部、外部及两边三种抽壳方式，如图 2-75 所示。

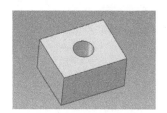
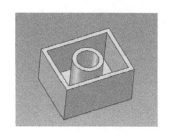

图 2-75　抽壳

（5）筋板　生成筋板，如图 2-76 所示。

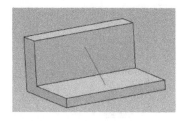
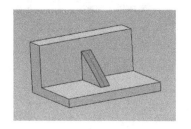

图 2-76　筋板

（6）裁剪　该功能可以用于体裁剪，也可以用一个零件或元素裁剪另外一个零件，如图 2-77 所示。

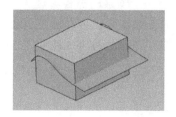
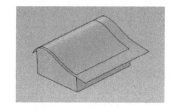

图 2-77　裁剪

（7）包裹偏移　将草图或曲线包裹到圆柱面上，生成凸起或凹陷的形状，包裹类型有凸起、凹陷和分割三种方式，如图 2-78 所示。

图 2-78　包裹偏移

（8）分割　用曲面分割实体，将原来的实体零件分割成两部分，如图 2-79 所示。

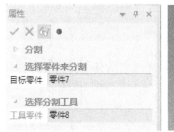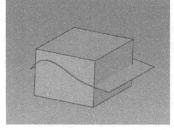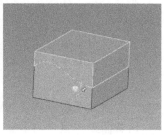

图 2-79　分割

（9）布尔　通过对两个以上的零件进行并集、差集和交集的运算，从而得到新的零件，也称布尔运算。布尔运算有布尔加运算、布尔减运算和布尔相交运算，工程模式不同的零件不能进行布尔运算。经布尔加运算后的设计树如图 2-80 所示。

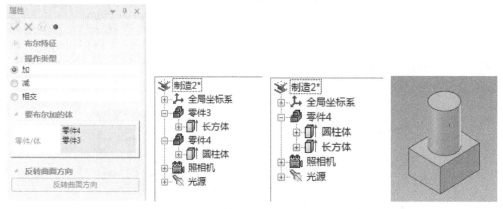

图 2-80　布尔加运算后的设计树

▶▶ 2.3.2　特征变换与编辑

1. 特征变换

特征变换是对实体零件进行定向定位（移动、旋转及对称）、复制、阵列、镜像、缩放等操作，进而修改或产生新的实体。利用三维球对图素进行特征变换十分方便，这里主要介绍这种方法。

操作路径：将要变换的图素置于智能图素状态；打开三维球，单击鼠标右键并拖动要移动方向上的外控制手柄，松开鼠标右键，在弹出的快捷菜单中选择相应的命令；在对话框文本框中输入相应数值，如图 2-81 所示。

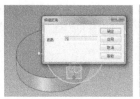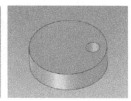

图 2-81　特征变换：移动图素

利用三维球可对图素进行以下特征变换：

1）平移：将零件图素在指定的轴线方向上移动一定的距离，也可以利用鼠标单击并拖动零件图素。

2）复制：将实体变成多个，实体都相同但没有链接关系。

3）链接：将实体变成多个，各实体间有链接关系，即其中一个实体发生变化，复制出的其他实体也同时变化。

4）沿着曲线复制：沿着选定曲线将实体变成多个。

5）沿着曲线链接：沿着选定曲线将实体变成多个，并且复制出的实体之间保持相互关联。

6）生成线性阵列：将实体变成多个，复制的实体具有链接关系，同时还可以更改阵列距离与个数，可生成系统定义参数进行参数化。

7）形成圆形阵列：具体操作路径如下。

将要移动的图素置于智能图素状态；打开三维球，按<Space>键，使三维球与图素分离；将光标放在三维球中心点，单击鼠标右键，选择【到中心点】命令后将其移动到圆形阵列中心上，再按<Space>键，使三维球重新附着；设定旋转轴，在三维球内侧用鼠标右键并拖动其旋转，松开鼠标右键，弹出快捷菜单，选择【生成圆形阵列】命令；在对话框文本框中输入数量和角度，如图 2-82 所示。

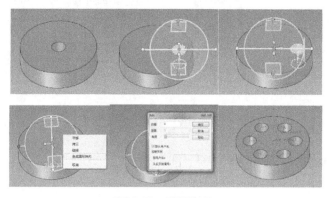

图 2-82　圆形阵列

2. 直接编辑

（1）表面移动　让单个零件的面独立于智能图素结构而移动或旋转，如图 2-83 所示。

（2）表面匹配　使选定的面同指定面相匹配。匹配方法是修剪或延展需要匹配的面，使其与匹配面的表面匹配。

操作路径：选择需要匹配的面（长方体左侧面）；单击对话框中的按钮 ⬙，选择与选定面匹配的面（圆柱表面）；完成长方体侧面与圆柱体曲面的匹配，如图 2-84 所示。

需要注意的是，长方体侧面尺寸与圆柱体直径一致，才可以匹配。否则系统提示，贴合面操作失败。

（3）表面等距　使一个面相对于原来位置精确地偏离一定距离，实现对实体特征的修改，如图 2-85 所示。

需要注意的是，表面等距不同于表面移动，它将为新面计算一组新的尺寸参数。偏移值

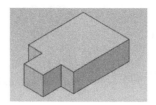
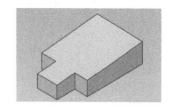
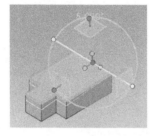

图 2-83　表面移动

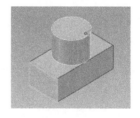
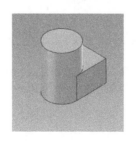

图 2-84　表面匹配

为正，面就向外偏移，反之则向内偏移。

（4）删除表面　删除一个面后，其相临面将延伸，以弥合形成的开口。如果相邻面的延伸无法弥合开口，则无法实现此操作，此时系统出现错误提示，如图 2-86 所示。

（5）分割实体表面　将一个面分割成多个可以单独被选择的面，分割类型有投影、轮廓、曲线在面上和用体分割四种方式，分割实体表面功能可以分割实体表面及独立面，如图 2-87 所示。

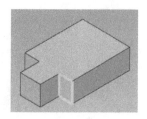
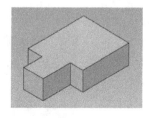

图 2-85　表面等距

图 2-86　删除表面

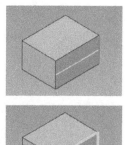

图 2-87　分割实体表面

2.3.3　应用案例：斜凸台零件造型

根据图 2-88 所示图样，完成斜凸台零件造型。

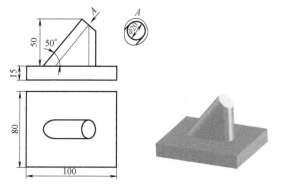

图 2-88　斜凸台零件图

应用案例：
斜凸台零件造型

1. 案例分析

斜凸台零件主要由长方体和凸台组成，其中凸台表面为不规则曲面。因此可考虑采用曲面造型中导动面、直纹面和填充面等命令构建凸台曲面，再对凸台曲面进行实体化，完成斜凸台零件的造型，具体流程如图 2-89 所示。

2. 造型步骤

1）选择图素库中的【长方体】图素，编辑长方体的包围盒使其尺寸为 100mm×80mm×15mm，如图 2-90 所示。

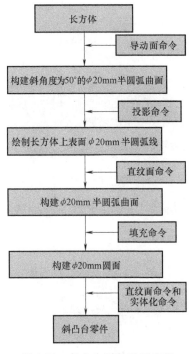

图 2-89　斜凸台零件造型流程

图 2-90　编辑长方体图素

2）单击【曲线】主菜单中的【三维曲线】按钮，按<F9>键切换作图平面为 Z-X 平面，并按<F7>键使 Z-X 平面正视；单击【直线】按钮，选择【角度线】，设置直线夹角为【-50】，绘制与 X 轴夹角为 50°的直线；按<F9>键切换作图平面为 X-Y 平面，并按<F5>键使 X-Y 平面正视；单击【圆】按钮，选择【圆心+半径】，以上一步的直线端点为圆心绘制 φ20mm 圆，再通过裁剪及旋转命令，使直线与圆弧垂直，结果如图 2-91 所示。

3）单击【曲面】主菜单中的【导动面】按钮，设置导动面类型为【平行】，分别拾取圆弧和直线作为截面和导动曲线，结果如图 2-92 所示。

4）单击【曲线】主菜单中的【提取曲线】按钮，拾取导动面的顶端圆弧曲线，结果如图 2-93 所示；双击蓝色圆弧线进入曲线界面，利用【空间镜像】命令完成圆弧线的镜像，结果如图 2-94 所示。

5）单击【曲线】主菜单中的【曲面投影线】按钮，设置要投影的曲线为镜像圆弧线，投影定位为长方体上表面，投影方向为垂直长方体上平面的棱线，如图 2-95 所示。

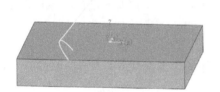

图 2-91　直线与圆弧构建

图 2-92　导动面

蓝色圆弧线

图 2-93　拾取圆弧

图 2-94　圆弧线镜像

6）单击【曲面】主菜单中的【直纹面】按钮 ⬢ 直纹面，设置类型为【曲线-曲线】，拾取镜像圆弧线及投影圆弧线，结果如图 2-96 所示。

图 2-95　拾取圆弧

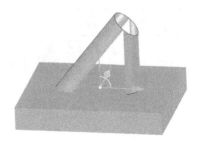

图 2-96　圆弧线镜像

7）单击【曲面】主菜单中的【直纹面】按钮 ⬢ 直纹面，分别选择导动面与直纹面的边线，如图 2-97 所示。

8）单击【填充面】按钮 ✎ 填充面，选择导动面顶部圆弧线及镜像圆弧线，如图 2-98 所示，完成斜凸台零件的造型，结果如图 2-99 所示。

图 2-97　直纹面

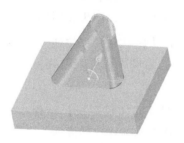

图 2-98　填充面

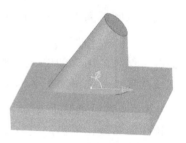

图 2-99　斜凸台零件

2.3.4　应用案例：摩擦圆盘的压铸模腔造型

根据图 2-100 所示图样，完成摩擦圆盘的压铸模腔造型。

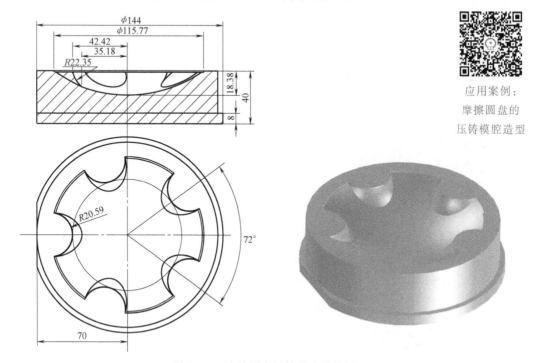

应用案例：
摩擦圆盘的
压铸模腔造型

图 2-100　摩擦圆盘压铸模腔零件图

1. 案例分析

摩擦圆盘的压铸模腔主要由主球底型腔和五个凸台组成，顶部有一个深度为 0.77mm 的止口，侧面有一个距中心距离为 70mm 的削边平面。因此，根据该零件的结构特点，可利用拉伸、旋转和阵列等命令完成摩擦圆盘压铸模的三维造型，具体流程如图 2-101 所示。

创建压铸模腔上、下两个阶梯圆柱体，创建 SR103.9mm 球体，通过【除料】操作实现对主球底型腔的构建；绘制凸台截面，旋转形成凸台实体；利用阵列命令创建五个凸台；用顶部实体面作为拉伸截面，拉伸出 0.77mm 止口；用拉伸命令裁剪出侧面削边平面。

2. 造型步骤

1）单击图素库中【圆柱体】按钮，将其拖入设计环境显示区中，编辑中心位置为（0，0，-40），并设置包围盒的长度、宽度和高度尺寸分别为 144mm、144mm 和 8mm；再次将图素库中【圆柱体】拖入设计环境显示区中，使其中心位置在 φ144mm 圆柱体上表面的中心处，设置包围盒的

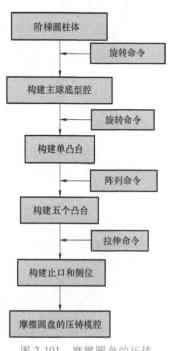

图 2-101　摩擦圆盘的压铸
模腔造型流程

阶梯圆柱体 → 旋转命令 → 构建主球底型腔 → 旋转命令 → 构建单凸台 → 阵列命令 → 构建五个凸台 → 拉伸命令 → 构建止口和侧位 → 摩擦圆盘的压铸模腔

长度、宽度和高度尺寸分别为 140mm、140mm 和 32mm，结果如图 2-102 所示。

2）单击【特征】主菜单中的【旋转】按钮 <img_旋转>，选择 Z-X 平面为绘图平面，绘制图 2-103 所示截面图，利用【除料】操作完成主球底型腔的造型，结果如图 2-104 所示。

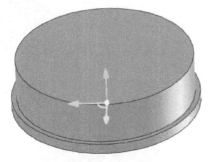

图 2-102　圆柱体

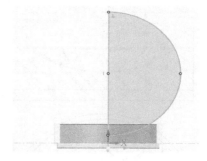

图 2-103　SR103.9mm 球体截面图

3）单击【特征】主菜单中的【旋转】按钮 <img_旋转>，选择 Y-Z 平面为绘图平面，绘制图 2-105 所示截面图，在旋转【属性】对话框中设置选择方向 1 和选择方向 2 的旋转角度为【90】，实现凸台造型，结果如图 2-106 所示。

图 2-104　主球底型腔

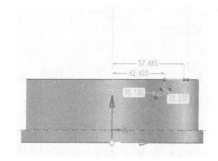

图 2-105　凸台截面图

4）单击【特征】主菜单中的【阵列特征】按钮 <img_阵列特征>，选择【圆形阵列】方式，并选择凸台为阵列特征，指定角度和数量分别为【72】和【5】，结果如图 2-107 所示。

图 2-106　凸台

图 2-107　凸台阵列结果

5）单击【特征】主菜单中的【拉伸】按钮 ，选择圆柱体上表面为绘图平面利用【投影】命令绘制截面，结果如图 2-108a 所示，在拉伸【属性】对话框中设置高度值为【0.77】，并选中【除料】单选按钮，实现止口的造型，结果如图 2-108b 所示。

6）单击【特征】主菜单中的【拉伸】按钮 ，选择底部圆柱体的底面为绘图平面，利用【矩形】命令绘制截面，在拉伸【属性】对话框中设置高度值为【10】，并选中【除料】单选按钮，实现侧面削边的造型，如图 2-109 所示。

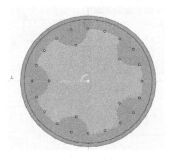

a) 止口截面图　　　　　　　　　　b) 止口造型

图 2-108　止口　　　　　　　　　　　　　　图 2-109　摩擦圆盘的压铸模腔

2.3.5　应用案例：叶轮造型

根据图 2-110 所示图样，完成叶轮造型。

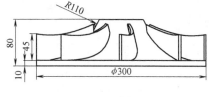

点	X坐标	Y坐标
A	0	150
B	−16	100
C	−14	50
D	−30	102
E	−33	44

应用案例：
叶轮造型

图 2-110　叶轮零件图

1. 案例分析

叶轮主要由圆形底盘、叶片和孔组成，具有均布特征。因此，可利用旋转、放样和孔等命令实现叶轮基本体的造型，再通过阵列、草图等命令完成叶轮细节特征的造型，具体流程如图 2-111 所示。

2. 造型步骤

1）单击【曲线】主菜单中的【三维曲线】按钮 。按<F9>键切换作图平面为 X-Y 平面，并按<F5>键使 X-Y 平面正视，单击【圆弧】按钮选择【圆弧：三点】方式，分别输入两段圆弧上各点坐标值，结果如图 2-112 所示。

2）单击【特征】主菜单中的【旋转】按钮 旋转，选择 X-Z 平面为绘图平面，绘制图 2-113 所示截面，在旋转【属性】对话框中设置选择方向 1 的旋转角度为【360】，实现圆底盘造型，结果如图 2-114 所示。

3）单击【草图】主菜单中的【二维草图】按钮 ，选择圆底盘的底平面为绘图平面，使用【投影】命令选择圆弧 $\overset{\frown}{ABC}$，并利用【等距】命令使该圆弧向圆心偏移 4mm，最后通过【直线】命令连接两圆弧，结果如图 2-115 所示。

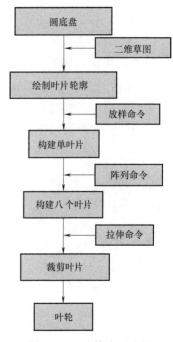

图 2-111　叶轮造型流程

图 2-112　圆弧

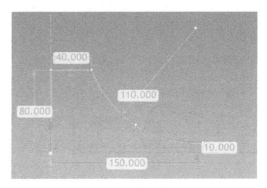

图 2-113　圆底盘截面

图 2-114　旋转结果

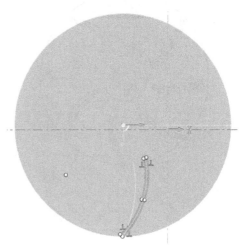

图 2-115　草图 1

4）单击【草图】主菜单中的【二维草图】按钮，选择圆底盘的顶平面为绘图平面，使用【投影】命令选择圆弧$\widehat{ADE}$，并利用【等距】命令使该圆弧向圆心偏移4mm，最后通过【直线】命令连接两圆弧，结果如图2-116所示。

5）单击【特征】主菜单中的【放样】按钮 放样，设置草图1和草图2为【选择的轮廓】，相关度为【5】，需要注意的是，选择草图时的位置点应对应，叶片造型如图2-117所示。

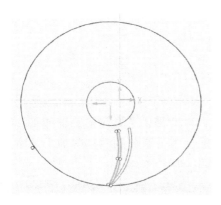

图2-116　草图2

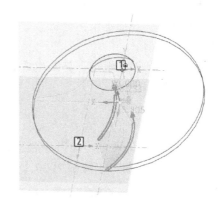

图2-117　放样造型

6）单击【特征】主菜单中的【阵列特征】按钮，选择【圆形阵列】方式，并选择叶片为阵列特征，指定角度和数量分别为【45】和【8】，结果如图2-118所示。

7）单击【特征】主菜单中的【旋转】按钮 旋转，选择 Z-X 平面为绘图平面，绘制截面，在旋转【属性】对话框中设置选择方向1的旋转角度为【360】，结果如图2-119所示。

8）单击【特征】主菜单中的【自定义孔】按钮 自定义孔，选择圆底盘的顶平面中心为定位草图中心，孔深类型为【简单孔】，孔深度为【200】，孔直径为【40】，结果如图2-120所示。

图2-118　叶片阵列

图2-119　叶片除料

图2-120　叶轮

2.4 数控加工

数控加工就是将加工数据和工艺参数输入到数控机床，数控机床的控制系统对输入的信息进行运算与控制，并不断地向数控机床的伺服机构发送脉冲信号，伺服机构对脉冲信号进行转换与放大处理，然后由传动机构驱动数控机床，从而加工零件。因此，数控加工的关键是加工数据和工艺参数的获取，即数控编程。

采用图形交互自动编程的基本步骤：

1）零件图样及加工工艺分析。

2）几何造型。

3）刀位点和刀具轨迹计算及生成。

4）后置处理。

5）程序输出。

为了适应不同的加工需求，CAXA CAM 制造工程师 2020 提供了常用的二轴加工、三轴加工、孔加工、图像加工、知识加工等共 33 种加工策略。本节就分别对这些加工策略进行介绍。CAXA CAM 制造工程师 2020【制造】主菜单如图 2-121 所示。

图 2-121　【制造】主菜单

▶▶ 2.4.1　数控加工概述

1. 基本概念

（1）轮廓　一系列首尾相接曲线的集合，如图 2-122 所示。

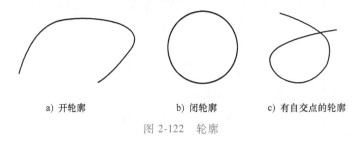

a) 开轮廓　　　　　　　b) 闭轮廓　　　　　　　c) 有自交点的轮廓

图 2-122　轮廓

在进行数控编程，交互指定待加工图形时，常需要用户指定图形的轮廓，用来界定被加工区域或被加工图形本身。如果轮廓是用来界定被加工区域的，则要求指定的轮廓是闭合的；如果加工的是轮廓本身，则轮廓也可以不闭合。

由于组成轮廓的曲线可以是空间曲线，但要求指定的轮廓不应有自交点，所以组成轮廓的曲线可以是空间曲线，但要求指定的轮廓不应有自交点。

（2）区域和岛　区域是由一个闭合轮廓围成的内部空间，其内部可以有岛，岛也是由闭合轮廓界定的。由外轮廓和岛共同指定待加工的区域，外轮廓用来界定加工区域的外部边界，岛用来屏蔽其内部无须加工或需要被保护的部分，如图 2-123 所示。

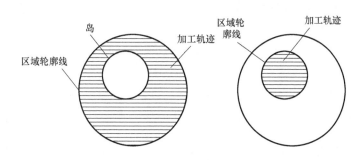

图 2-123 区域和岛

（3）刀具轨迹和刀位点 CAXA CAM 制造工程师 2020 主要针对数控铣削加工，目前提供三种铣刀：球头刀（$r=R$）、端刀（$r=0$）和 R 刀（$r<R$），其中 R 为刀具半径、r 为刀具圆角半径。刀具参数中还有刀杆长度 L 和切削刃长度 l，如图 2-124 所示。

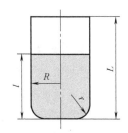

图 2-124 刀具参数

在三轴加工中，端刀和球头刀的加工效果有明显区别。当曲面形状复杂有起伏时，建议使用球头刀，适当调整加工参数可以达到预期加工效果。在二轴加工中，为提高效率建议使用端刀，因为相同的参数，使用球头刀加工会留下较大的残留高度。选择切削刃长度和刀杆长度时请考虑数控机床的具体型号及零件的尺寸是否与刀具会发生干涉。

对于刀具，还应区分刀尖和刀心，两者均是刀具的对称轴上的点，其间差一个刀角半径，如图 2-125 所示。

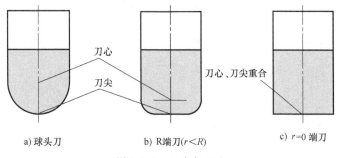

a) 球头刀　　　　b) R端刀($r<R$)　　　　c) $r=0$ 端刀

图 2-125 刀尖与刀心

刀具轨迹是数控系统按给定的工艺要求生成的刀具在切削时行进的路线，如图 2-126 所示。刀具轨迹由一系列有序的刀位点和连接这些刀位点的直线（直线插补）或圆弧（圆弧插补）组成。

需要注意的是，本系统的刀具轨迹是按刀尖位置来计算和显示的。

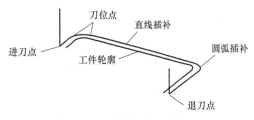

图 2-126 刀具轨迹和刀位点

（4）干涉 在切削被加工表面时，如果刀具切到了不应该切的部分，则称为出现干涉现象，或者称为过切。

在 CAXA CAM 制造工程师 2020 系统中，干涉分为以下两种情况：

1）自身干涉：被加工表面中存在刀具切削不到的部分时存在的过切现象，如图 2-127 所示。

2）面间干涉：在加工一个或一系列表面时，可能会对其他表面产生过切的现象，如图 2-128 所示。

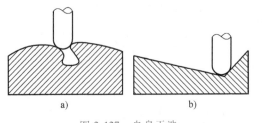

图 2-127　自身干涉

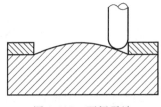

图 2-128　面间干涉

2. 参数设置

（1）坐标系　在创建加工文件时，CAXA CAM 制造工程师 2020 软件系统会自行生成一个世界坐标系被激活，此时所有加工功能将默认在世界坐标系下生成轨迹。用户也可以使用坐标系功能自行创建新的坐标系，并在新坐标系下生成轨迹。

单击【制造】主菜单中的【坐标系】按钮，在【编辑坐标系】对话框中创建坐标系，单击【点】按钮，可以捕捉已知点，确定要建立坐标系的原点坐标，如图 2-129 所示。

通过定义新坐标系的【名称】【原点坐标】【Z 轴矢量】【X 轴矢量】【Y 轴矢量】等参数，就可以生成自定义的坐标系。新生成的坐标系将自动被激活，成为后续加工过程中的默认坐标系，也可以在管理树的坐标系节点上单击鼠标右键，在弹出的右键快捷菜单中，使用激活命令手动激活某个坐标系。坐标系支持三维球编辑。

a)

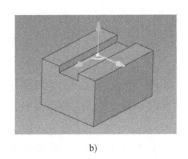

b)

图 2-129　创建坐标系

（2）刀具　单击【制造】主菜单中的【刀具】按钮进入【创建刀具】对话框，如图 2-130 所示。创建好刀具后单击【入库】按键，可以创建刀库，并在加工树中显示。所创建的刀库只存在于创建它的加工文件，刀库可以通过右键快捷菜单中的命令被保存为刀具库数据文件（∗.tld 格式），该文件可以被导入和导出，也可以在不同的加工文件里使用。

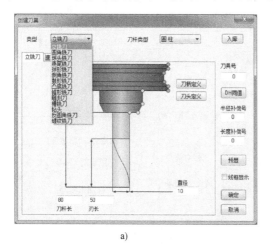

a)

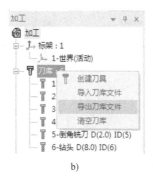

b)

图 2-130　【创建刀具】对话框

在创建刀具时，可以选择包括立铣刀、圆角铣刀、球头铣刀在内的常用刀具共 14 种。每种刀具都需要分别定义几何参数和速度参数。

1）几何参数。由于刀具种类和结构不同，所以其包含的几何参数也有所不同，常见刀具几何参数如下：

① 刀具号：刀具在加工中心里的位置编号，便于加工过程中换刀。

② 半径补偿号：刀具半径补偿值对应的编号。

③ 长度补偿号：刀具长度补偿值对应的编号。

④ 刀具直径：切削刃部分最大截面圆的直径。

⑤ 刀角半径：切削刃部分球形轮廓区域的半径，只对铣刀有效。

⑥ 刀柄半径：刀柄部分截面圆的半径。

⑦ 刀尖角度：钻尖的圆锥角，只对钻头有效。

⑧ 刀刃长度：切削刃部分的长度。

⑨ 刀柄长度：刀柄部分的长度。

⑩ 刀具全长：刀杆与刀柄长度的总和。

2）速度参数。包括设定轨迹各位置的相关进给速度及主轴转速，如图 2-131 所示。

① 主轴转速：主轴的旋转速度，单位为 r/min。

② 慢速下刀速度（F0）：慢速下刀轨迹段的进给速度，单位为 mm/min。

③ 切入切出连接速度（F1）：切入轨迹段、切出轨迹段、连接轨迹段、接近轨迹段、返回轨迹段的进给速度，单位为 mm/min。

④ 切削速度（F2）：切削轨迹段的进给速度，单位为 mm/min。

⑤ 退刀速度（F3）：退刀轨迹段的进给速度，单位为 mm/min。

（3）毛坯　单击【制造】主菜单中的【毛坯】按钮即可进入【编辑毛坯】对话框。在定义毛坯时，共有八类毛坯形状可以选择：立方体、圆柱体、拉伸体、圆柱环、圆锥体、旋转体、圆球体、三角片。图 2-132 所示为三角片毛坯形状，用户可以根据工件形状定义

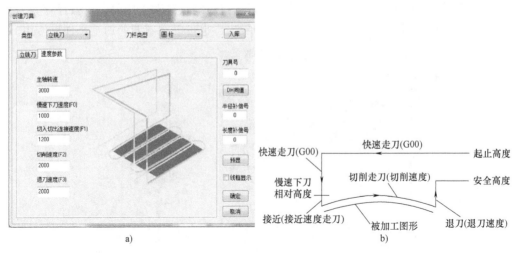

图 2-131　刀具速度参数

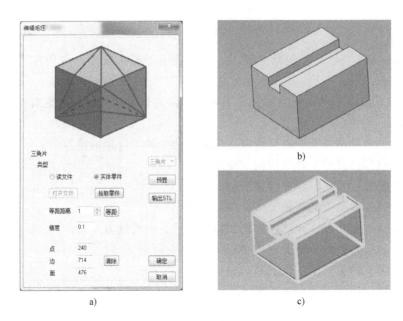

图 2-132　创建毛坯

毛坯。

（4）加工参数　每种加工方式的对话框中都有【确定】【取消】【悬挂】【计算】四个按钮，如图 2-133 所示。单击【确定】按钮确认加工参数，开始随后的交互过程；单击【取消】按钮取消当前的命令操作；单击【悬挂】按钮表示并不马上生成加工轨迹，交互结束后也不计算加工轨迹，而是在执行轨迹生成批处理命令时才开始计算，这样就可以将很多计算复杂且耗时的轨迹生成任务准备好，直到空闲的时间，比如夜晚才开始真正计算，大大提高了工作效率；单击【计算】按钮，计算轨迹，完成后在屏幕上出现加工轨迹，同时在加工轨迹树上出现一个新节点。

每种加工方式的加工参数设置有所不同，下面具体详细讲解一些主要参数设定。

1）走刀方式：有单向和往复两种方式，如图 2-134 所示。

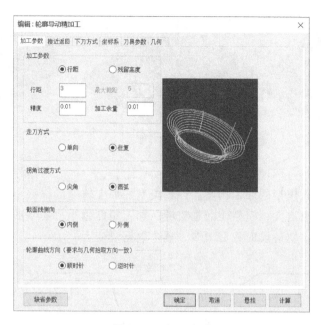

图 2-133　加工方式

2）加工方向：有顺铣和逆铣两种方向，如图 2-135 所示。

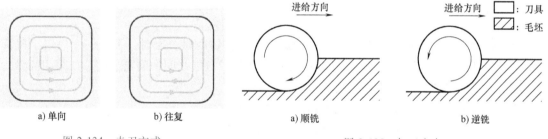

图 2-134　走刀方式

图 2-135　加工方向

3）优先策略：有层优先和区域优先两种策略，如图 2-136 所示。

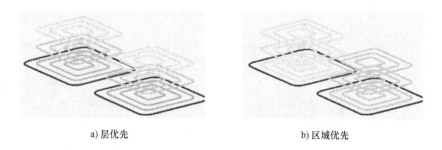

a) 层优先　　　　　　　　　　　　b) 区域优先

图 2-136　优先策略

4）走刀方式：有环切、行切和自适应三种，如图 2-137 所示。

5）余量和精度。加工余量是给轮廓留出的预留量，可以输入负值，如图 2-138 所示。零件高度方向的余量，需要在层高中的底层高度中进行设置。

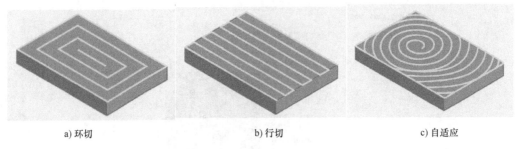

a) 环切　　　　　　　　　b) 行切　　　　　　　　　c) 自适应

图 2-137　走刀方式

加工精度是指输入模型的加工精度。计算模型的加工轨迹的误差小于此值。加工精度越大，模型形状的误差也增大，模型表面越粗糙；加工精度越小，模型形状的误差也减小，模型表面越光滑，但是，轨迹段的数目增多，轨迹数据量变大。

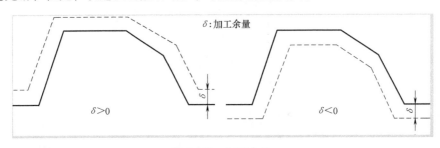

图 2-138　加工余量

6）层高。顶层高度是指被加工工件的最高高度，切削第一层时，下降一个每层下降高度；底层高度是指加工的最后一层所在高度；层高是指每层之间的间隔高度，如果层高设为0，则在加工范围内 Z 值最小位置生成一层加工轨迹。

7）拔模斜度：加工完成后，轮廓所具有的倾斜度。

8）行距：相邻的两行平行刀路间的距离，如图 2-139 所示。

9）起始点：当拾取多个封闭轮廓时，可以分别定义每个封闭轮廓加工的起始点，如图 2-140 所示。

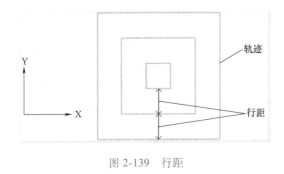

图 2-139　行距　　　　　　　　　　　　图 2-140　起始点

10）下刀方式：有直线和螺旋两种方式，如图 2-141 所示。

（5）点集　单击【制造】主菜单中的【点集】按钮即可进入【创建点集】对话框，如图 2-142 所示。

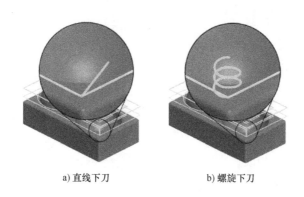

a) 直线下刀　　　　　　　b) 螺旋下刀

图 2-141　下刀方式

　　按照一定的规律一次性生成一组单点的功能。这个功能在孔加工中，定义孔点位置时十分有用。可以使用【沿轮廓分布】和【在平面区域内分布】两种模式，使用【沿轮廓分布】功能时，需要先拾取一个曲线轮廓，并依照设置的点的个数或点间距，自动沿着拾取的曲线轮廓生成若干个点；使用【在平面区域内分布】功能时，需要拾取一个封闭轮廓，并依照设置的水平间距和垂直间距，自动在区域内生成均匀分布的若干个点。

　　（6）边界　单击【制造】主菜单中的【边界】按钮即可进入【创建边界】对话框，如图 2-143 所示。边界功能可以用于提取零件边界线，进行特定的几何变换，最终形成一组曲线集合。通过边界功能生成的曲线集合可以直接作为很多加工功能的加工轮廓。

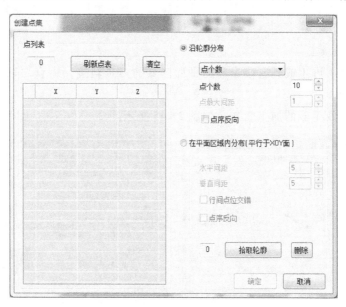

图 2-142　【创建点集】对话框

3. 加工树的管理

　　用户可以在加工树里对加工进行管理，可以创建文件夹（例如，把加工某个面的轨迹放在一个文件夹），可以对加工树执行【按刀具分组】【按加工面分组】【按粗精加工分组】等操作。加工树的管理如图 2-144 所示。

图 2-143 【创建边界】对话框

a)　　　　　　　　b)

图 2-144 加工树的管理

▶▶ 2.4.2 二轴加工

二轴加工的特点是加工的轮廓均位于同一平面内，每一层加工轨迹的高度固定，刀具只需要在等高的平面内对工件进行加工，即刀具只需要两轴联动。

CAXA CAM 制造工程师 2020 提供的二轴加工功能有平面区域粗加工、平面自适应粗加工、平面轮廓精加工、平面光铣加工、倒圆角加工、倒斜角加工、平面摆线槽加工、切割加工和雕刻加工等。

1. 平面区域粗加工

平面区域粗加工可生成具有多个岛的平面区域的刀具轨迹，适合二轴或 2.5 轴粗加工，轨迹生成速度较快。

相关参数设置及生成的加工轨迹，如图 2-145 所示。

a)

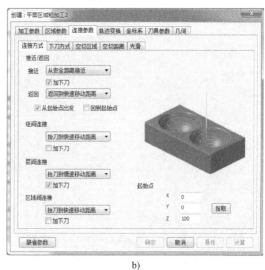

b)

图 2-145 平面区域粗加工

c)　　　　　　　　　　　　　　　　　d)

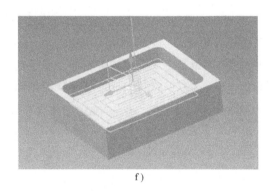

e)　　　　　　　　　　　　　　　f)

图 2-145　平面区域粗加工（续）

2. 平面自适应粗加工

平面自适应粗加工是根据给定的工件轮廓和毛坯轮廓，生成分层的加工轨迹。这是一种高速铣削加工功能。平面自适应粗加工增加自适应抬刀连接，需要设置抬刀高度和连接长度参数（图 2-146）；在进行岛屿加工时，拾取工件轮廓时要将轮廓与岛屿同时拾取。相关参数设置及生成的加工轨迹如图 2-147 所示。

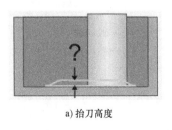

a) 抬刀高度

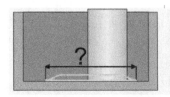

b) 连接长度

图 2-146　自适应抬刀连接

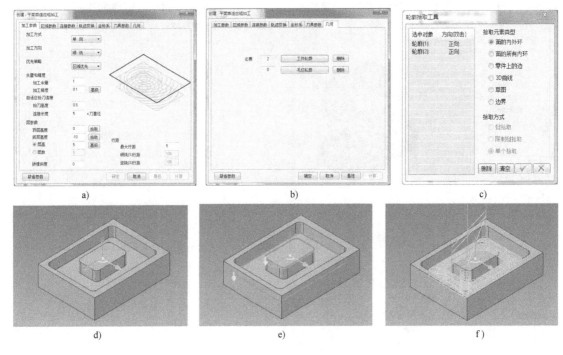

图 2-147　平面自适应粗加工

3. 平面轮廓精加工

平面轮廓精加工是生成平面轮廓精加工轨迹的功能，可以灵活制订加工策略，但计算速度相对较慢。相关参数设置及生成的加工轨迹如图 2-148 所示。

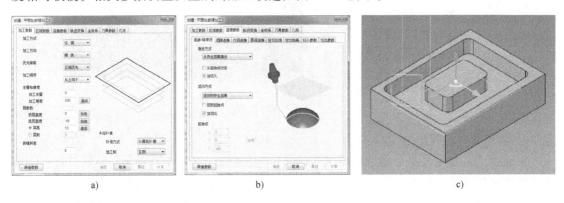

图 2-148　平面轮廓精加工

4. 平面光铣加工

平面光铣加工是生成打磨加工平面轨迹的功能。相关参数设置及生成的加工轨迹如图 2-149 所示。

主要参数含义如下。

1）最大行距：相邻的两行平行刀路间允许的最大间距。

2）加工角度：主要刀路方向与 X 轴方向的夹角。

3）单行切割：使用具有较大刀具半径的刀具一次性从加工平面划过的加工方式。

4）优化加工角度：交由算法自身来选择最合适的加工角度。

5）切入：开始加工平面前增加的切入段长度。

6）切出：结束加工平面后增加的切出段长度。

a)

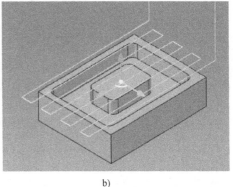
b)

图 2-149　平面光铣加工

5. 倒圆角加工

倒圆角加工根据给定的平面轮廓曲线，生成加工圆角的轨迹，支持球头铣刀、圆角铣刀，新增支持刀具反圆角铣刀，大大提高加工效率。相关参数设置及生成的加工轨迹如图 2-150 所示。

主要参数含义如下。

1）轮廓曲线的位置。轮廓 B 是指拾取的是倒角前的轮廓曲线；轮廓 C 是指拾取的是倒角后的轮廓曲线。

2）圆角半径：倒圆角的半径值，圆角的半径值一定要小于轮廓的拐角半径值。当刀具是圆角铣刀或球头铣刀时可使用该参数；当刀具是反圆角铣刀时该参数被禁止使用，因为此时圆角半径值就等于反圆角铣刀的圆角半径。

3）圆心角增量：倒圆角是由多层轨迹形成，每层轨迹是由起始角向结束角变化，再由每一个变化的角度值计算第一层轨迹的 Z 值和对于轮廓的偏置量，这个角度变化量就是圆心角的增量。圆角半径值小，圆心角增量可大一些，反之应该小一些，理想的结果应该按圆弧长度进行计算。圆心角增量值按绝对值给出。当刀具是圆角铣刀或球头铣刀时可使用该参数；当刀具是反圆角铣刀时该参数被禁止使用。

4）加工刀次：以给定加工的次数确定走刀的次数。当刀具是圆角铣刀或球头铣刀时该参数被禁止使用；当刀具是反圆角铣刀时，可使用该参数。

5）最大余量：程序根据刀具圆角半径及刀具参数计算出来的最大加工残留量，当刀具是反圆角铣刀时，圆角半径等于刀具圆角半径，而余量的次数可以在加工刀次中指定，如图 2-151 所示。

6）偏移方向。左偏：向被加工曲线的左边进行偏置，左方向的判断方法与 G41 相同，

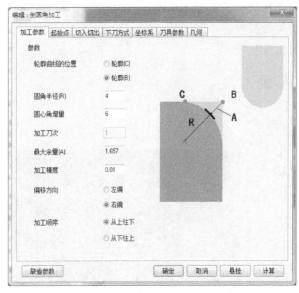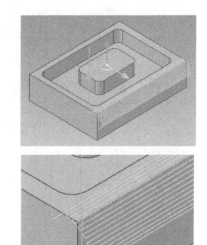

图 2-150　倒圆角加工

即刀具加工方向的左边；右偏：向被加工曲线的
右边进行偏置，右方向的判断方法与 G42 相同，
即刀具加工方形的右边。

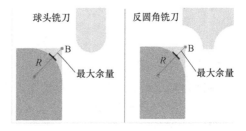

7）切入切出：可以沿直线、圆弧切入切出，
也可以不设定。

6. 倒斜角加工

倒斜角加工是根据给定的平面轮廓曲线，生成
加工斜角的轨迹，使用倒角铣刀，可提高加工效

图 2-151　最大余量

率，刀头支持无圆角、有圆角和全圆角。相关参数设置及生成的加工轨迹如图 2-152 所示。

主要参数含义如下。

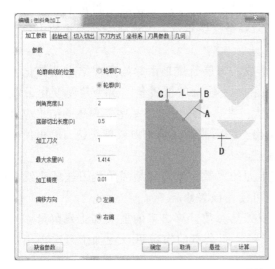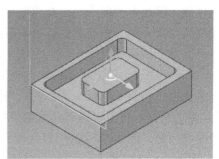

图 2-152　倒斜角加工

1）倒角宽度（L）：轮廓点距离加工件顶端的切出长度。

2）底部切出长度（D）：倒角底部距离倒角铣刀刀头的切出长度。

7. 平面摆线槽加工

平面摆线槽加工可生成以螺旋进刀方式铣槽的轨迹。相关参数设置及生成的加工轨迹如图 2-153 所示。

主要参数含义如下。

1）宽度：加工槽的宽度。考虑刀具直径，即宽度＝槽宽−刀具直径，图中示例的槽宽为 20mm，刀具直径为 8mm。

2）半径：螺旋刀路的曲率半径。

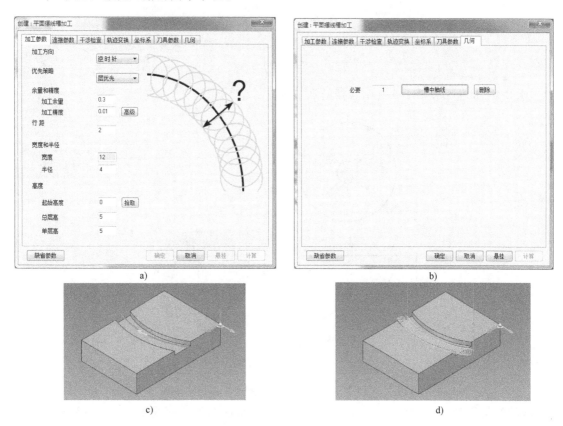

图 2-153　平面摆线槽加工

8. 切割加工

切割加工可生成用于切割图案的轨迹。

9. 雕刻加工

雕刻加工可生成用于雕刻文字和图案的轨迹。

▶ 2.4.3　三轴加工

三轴加工功能可加工复杂的曲面轮廓，每一层加工的轨迹高度不固定，刀具需要进行三轴联动。典型的三轴加工功能有等高线粗加工、自适应粗加工、等高线精加工、扫描线精加工、三维偏置加工、平面精加工、笔式清根加工、直线投影加工、曲线投影加工、轮廓导动精加工、曲面轮廓精加工、曲面区域精加工、参数线精加工等。

1. 等高线粗加工

等高线粗加工是最典型的三轴加工方式，用于生成分层等高式粗加工轨迹。加工余量有整体余量和径轴向余量两种，如图 2-154 所示；层高与行距的选择要小一些，以便在精加工曲面时去除的金属量少一些。

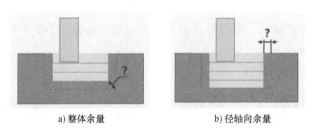

图 2-154　加工余量

例 2-1　试生成图 2-155 所示容器的加工轨迹。

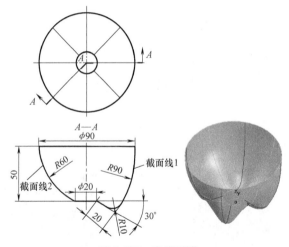

图 2-155　容器图样

造型思路：此曲面可以采用网格面造型方式实现。U 向线由圆心为（0，0，0）半径是 10mm 的整圆和圆心为（0，0，50）半径是 45mm 的整圆两根截面线组成；V 向线有八根截面线，它们是由截面线 1 和截面线 2 在圆周上按 90°均布而形成。

相关参数设置及生成的加工轨迹如图 2-156 所示。

2. 自适应粗加工

自适应粗加工可生成高速粗加工轨迹，其生成的轨迹较等高线粗加工更合理，能更快速地去除加工余量。相关参数设置及生成的加工轨迹如图 2-157 所示。

3. 等高线精加工

等高线精加工可生成分层等高式精加工轨迹。相关参数设置及生成的加工轨迹如图 2-158 所示。

4. 扫描线精加工

扫描线精加工可按设置的方向扫描加工曲面生成精加工轨迹。

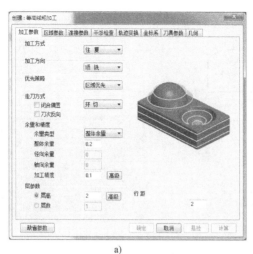

a)   b)

图 2-156 等高线粗加工

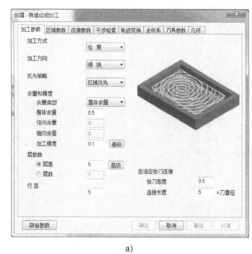
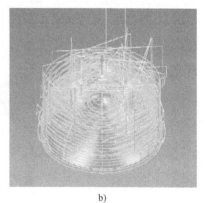

a)   b)

图 2-157 自适应粗加工

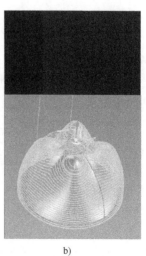

a)   b)

图 2-158 等高线精加工

例 2-2　试生成图 2-159 所示鼠标曲面的加工轨迹。

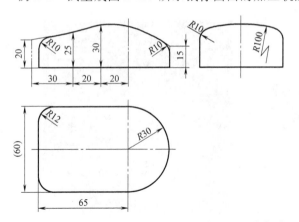

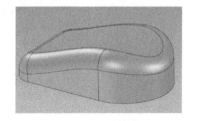

图 2-159　鼠标曲面图样

相关参数设置及生成的加工轨迹如图 2-160 所示。

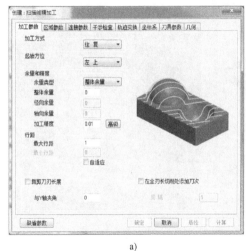

a)

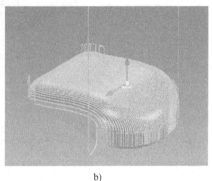

b)

图 2-160　扫描线精加工

5. 三维偏置加工

三维偏置加工是按设置的行距在加工曲面生成一组等距的加工轨迹。相关参数设置及生成的加工轨迹如图 2-161 所示。

在下列条件下进行模型加工时，会发生轨迹计算中途退出或生成混乱的轨迹的情况：

1）模型全部或部分在加工范围之外。

2）模型有垂直的立壁。

3）模型内有通孔（形状不限于圆形）。

4）模型内有与刀具直径相近宽度的沟形状。

6. 平面精加工

平面精加工是使用类似平面区域加工的方法来加工曲面。

主要参数含义如下。

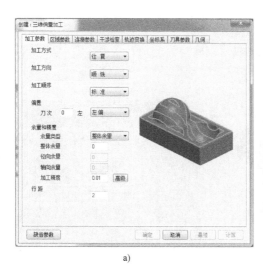
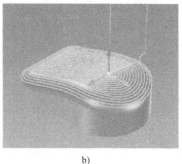

a)　　　　　　　　　　　　　　　　b)

图 2-161　三维偏置加工

1）最小宽度：进行平面精加工的平面最小宽度值，平面宽度低于此值的平面将不加工。

2）最大宽度：进行平面精加工的平面最大宽度值，平面宽度高于此值的平面将不加工。

相关参数设置及生成的加工轨迹如图 2-162 所示。

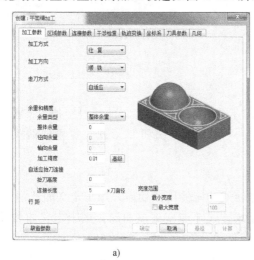
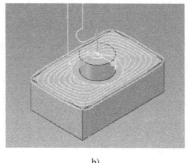

a)　　　　　　　　　　　　　　　　b)

图 2-162　平面精加工

7. 笔式清根加工

笔式清根加工能生成笔式清根加工轨迹，可以进行多层清根。相关参数设置及生成的加工轨迹如图 2-163 所示。

8. 直线投影加工

直线投影加工是沿着设置的直线向加工曲面进行投影的加工功能。

主要参数含义如下。

1）走刀方式有绕轴线和沿轴线两种方式，如图 2-164 所示。

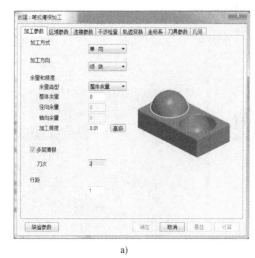
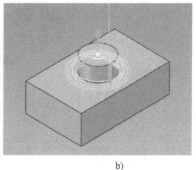

a)   b)

图 2-163　笔式清根加工

2）刀轴方向有刀轴向内和刀轴向外两种方式，如图 2-165 所示。

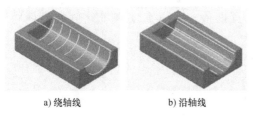
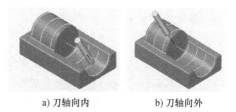

a) 绕轴线　　　　b) 沿轴线　　　　　　　a) 刀轴向内　　　b) 刀轴向外

图 2-164　走刀方式　　　　　　　　　图 2-165　刀轴方向

9. 曲线投影加工

曲线投影加工是将设置的曲线投影到加工曲面的加工功能。曲线投影加工支持五种曲线类型：自定义曲线、平面放射线、平面螺旋线、等距轮廓和 U 形线。每种曲线类型有不同的加工参数。

主要参数含义如下。

1）中心点：只有平面放射线和平面螺旋线才能使用该功能，用于定义曲线的中心点。

2）半径范围：只有平面放射线和平面螺旋线才能使用该功能，用于定义曲线的起始半径和终止半径。

3）U 形线：需要额外定义曲线的起始点，包括 X 方向、Y 方向的长度和起始方向。

相关参数设置及生成的加工轨迹如图 2-166 所示。

10. 轮廓导动精加工

轮廓导动精加工是平面轮廓法向平面内的截面线沿平面轮廓线导动生成加工轨迹，造型时只作为平面轮廓线和截面线即可，生成轨迹速度非常快。相关参数设置及生成的加工轨迹如图 2-167 所示。

11. 曲面轮廓精加工

曲面轮廓精加工可生成沿一个轮廓线加工曲面的刀具轨迹。

相关参数设置及生成的加工轨迹如图 2-168 所示。

a)　　　　　　　　　　　　　b)

图 2-166　曲线投影加工

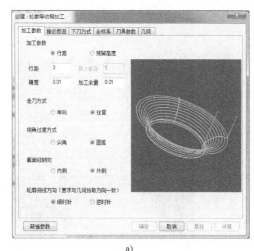
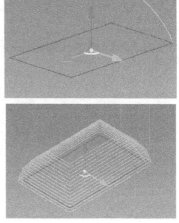

a)　　　　　　　　　　　　　b)

图 2-167　轮廓导动精加工

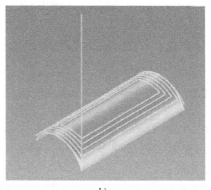

a)　　　　　　　　　　　　　b)

图 2-168　曲面轮廓精加工

12. 曲面区域精加工

曲面区域精加工可生成加工曲面上的封闭区域的刀具轨迹。给出封闭轮廓，拾取岛，得到绕过岛屿的曲面加工轨迹，相关参数设置及生成的加工轨迹如图 2-169 所示。

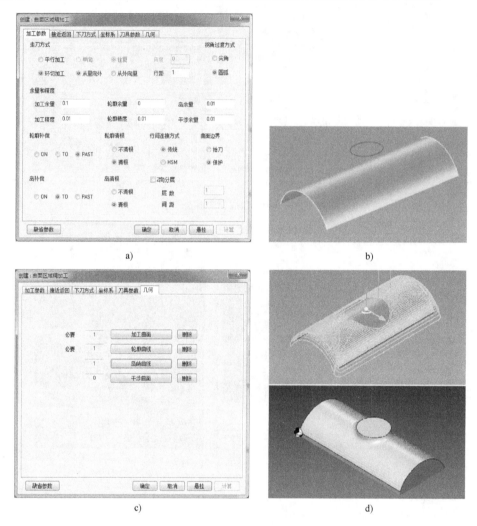

图 2-169　曲面区域精加工

13. 参数线精加工

参数线精加工可生成沿参数线加工轨迹。相关参数设置及生成的加工轨迹如图 2-170 所示。

▶▶ 2.4.4　孔加工

孔加工功能主要是对零件表面的各类圆孔、螺纹孔进行加工。与二轴和三轴轨迹不同，孔加工更多利用的是数控系统自带的固定循环加工方法。

1. 钻孔模式

系统提供 12 种钻孔模式，包括高速啄式孔钻 G73、左攻丝 G74、精镗孔 G76、钻孔 G81、钻孔+反镗孔 G82、啄式钻孔 G83、逆攻丝 G84、镗孔 G85、镗孔（主轴停）G86、反

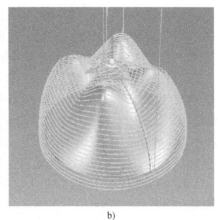

a)　　　　　　　　　　　　　　　b)

图 2-170　参数线精加工

镗孔 G87、镗孔（暂停+手动）G88 和镗孔（暂停）G89，以及五种用户自定义钻孔模式。

主要参数含义如下。

1）起始高度：刀具初始位置。

2）安全高度：刀具在此高度以上任何位置，均不会碰伤工件和夹具。

3）主轴转速：机床主轴的转速。

4）钻孔速度：钻孔刀具的进给速度。

5）钻孔深度：孔的加工深度。

6）安全间隙：钻孔时，钻头快速到达的位置，即距离工件表面的距离，由这一点开始按钻孔速度进行钻孔。

7）下刀增量：每次钻孔深度的增量值。

8）暂停时间：刀具在工件底部的停留时间。

2. 铣圆孔加工

铣圆孔加工是用铣刀进行各种铣圆孔的加工。

主要参数含义如下。

1）深度参数。螺旋切削：用螺旋的方式进行加工；分层切削：用分层的方式进行加工。

2）径向走刀方式。平面螺旋走刀：在平面中用螺旋的方式进行加工；平面圆弧走刀：在平面中用圆弧的方式进行加工。

3）径向参数。输入直径值：设置圆的直径；拾取几何直径值：拾取存在的圆。

4）刀次：以给定加工的次数确定走刀的次数。

5）行距：走刀行间的距离。

6）切入切出参数。直线：以直线的方式进行切入和切出；圆弧：以圆弧的方式进行切入和切出。

3. 铣螺纹加工

铣螺纹加工是用铣刀进行各种螺纹加工。

主要参数含义如下。

1）螺纹类型。内螺纹：铣削加工内螺纹；外螺纹：铣削加工外螺纹。

2）螺纹旋向。右旋：向右旋转加工；左旋：向左旋转加工。

3）加工方向有从上向下和从下向上两种方式。

4）参数。螺纹长度：加工螺纹的长度；螺距：螺纹的层距；起始角度：加工螺纹的初始角度；头数：加工螺纹的头数。

4. 固定循环加工

固定循环加工利用主流操作系统自带的固定循环功能进行各式孔加工。

可以选择的数控系统及固定循环功能如下。

1）FANUC 系统：支持 G81~G89，包括钻孔、攻丝、镗孔等共九种固定循环。

2）SIEMENS 系统：支持 CYCLE81~CYCLE89，包括钻孔、攻丝、铰孔、镗孔等共八种固定循环。

3）Heidenhain 系统：支持 200~207，包括钻孔、攻丝、铰孔、镗孔等共六种固定循环。

4）KND 系统：支持 G81~G89，包括钻孔、攻丝、镗孔等共九种固定循环。

每种固定循环加工有不同的加工参数，具体应用请参考各数控系统编程手册。

5. G01 钻孔

G01 钻孔使用直线插补进行各种钻孔操作，用于没有钻孔循环功能的机床使用。

图 2-171 四轴旋转粗加工

▶▶ 2.4.5 多轴加工

CAXA CAM 制造工程师 2020 提供的多轴加工功能有四轴加工、五轴加工和叶轮加工三类。

1. 四轴加工

（1）四轴旋转粗加工 多用于加工旋转体及上面的复杂曲面，铣刀刀轴的方向始终垂直于第四轴的旋转轴，如图 2-171 所示，其加工方式有单向、往复和螺旋三种方式，如图 2-172 所示。

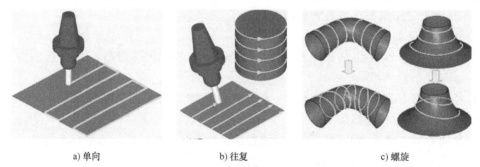

a) 单向　　　　　　　　　　b) 往复　　　　　　　　　　c) 螺旋

图 2-172 四轴旋转粗加工的加工方式

例 2-3 试生成图 2-173 所示异形截面柱体的轮廓粗加工轨迹。

造型思路：以坐标原点为圆心，Y-Z 平面为当前作图平面，绘制异形截面空间曲线，通过旋转和复制命令得到另一条截面曲线，将其中一条曲线沿 X 轴平移 180mm；通过【特征】主菜单中的【放样】功能得到零件实体造型，或者通过【曲面】主菜单的【放样面】功能

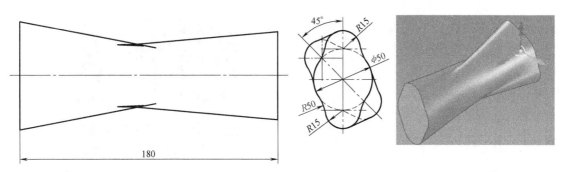

图 2-173　异形截面柱体

得到异形截面柱体的轮廓曲面。

相关参数设置及生成的加工轨迹、仿真结果如图 2-174 所示。

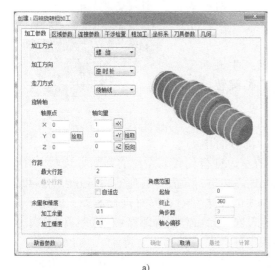

a)

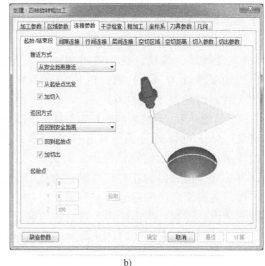

b)

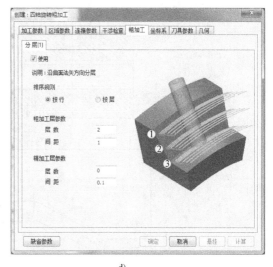

c)

d)

图 2-174　四轴旋转粗加工实例

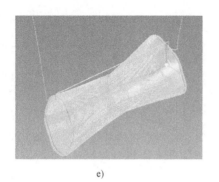

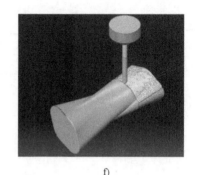

e)   f)

图 2-174   四轴旋转粗加工实例（续）

（2）四轴柱面曲线加工   根据给定的曲线，生成四轴加
工轨迹，多用于在回转体上加工槽。铣刀刀轴的方向始终垂
直于第四轴的旋转轴，如图 2-175 所示。

主要参数含义如下。

1）旋转轴。X 轴：机床的第四轴绕 X 轴旋转，生成加工
代码时角度地址为 A；Y 轴：机床的第四轴绕 Y 轴旋转，生
成加工代码时角度地址为 B。

2）偏置选项。与在平面上加工槽相同，为达到图样要求

图 2-175   四轴柱面曲线加工

的槽宽尺寸，可以通过偏置选项实现。曲线上：铣刀的中心
沿曲线加工，不进行偏置；左偏：向被加工曲线的左边进行偏置，左向的判断方法与 G41 相
同，即刀具加工方向的左边；右偏：向被加工曲线的右边进行偏置，右向的判断方法与 G42 相
同，即刀具加工方向的右边；左右偏：向被加工曲线的左边和右边同时进行偏置；偏置距离：
偏置的数值；刀次：当需要多刀进行加工时，给定刀次，而后总偏置距离=偏置距离×刀次。

例 2-4   试生成图 2-176 所示圆柱凸轮槽的四轴柱面曲线的加工轨迹。

造型思路：以坐标原点为圆心，Y-Z 平面为底面，X 轴为轴线，生成圆柱体；画出圆柱

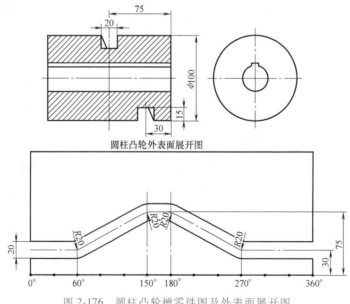

圆柱凸轮外表面展开图

图 2-176   圆柱凸轮槽零件图及外表面展开图

凸轮槽展开图（图 2-177a）；通过【特征】主菜单的【包裹偏移】功能得到零件实体造型（图 2-177b）。

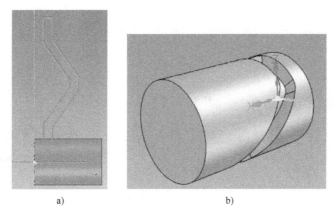

a)　　　　　　　　　　　　b)

图 2-177　圆柱凸轮槽展开图及造型

相关参数设置及生成的加工轨迹如图 2-178 所示。

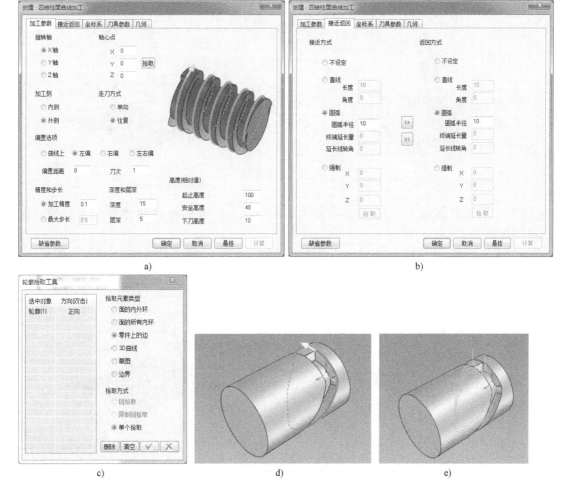

图 2-178　圆柱凸轮槽相关参数设置及加工轨迹

2. 五轴加工

（1）五轴平行面加工　用五轴添加限制面方式加工曲面，生成的每条轨迹都是平行的，如图 2-179 所示。

（2）五轴平行加工　生成五轴平行加工轨迹，如图 2-180 所示。

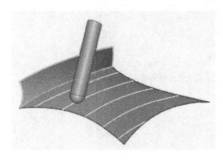

图 2-179　五轴平行面加工轨迹

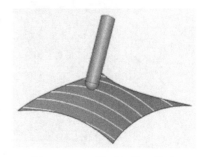

图 2-180　五轴平行加工轨迹

（3）五轴限制线加工　用五轴添加限制线的方式加工曲面，如图 2-181 所示。

（4）五轴沿曲线加工　用五轴的方式加工曲面，生成的轨迹都是沿给定曲线的法线方向，如图 2-182 所示。

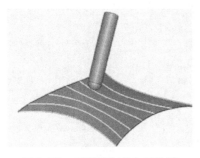

图 2-181　五轴限制线加工轨迹

图 2-182　五轴沿曲线加工轨迹

（5）五轴平行线加工　用五轴的方式加工曲面，生成的每条轨迹都是平行的，如图 2-183 所示。

（6）五轴曲线投影加工　用五轴的投影方式加工曲面，如图 2-184 所示。

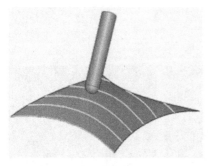

图 2-183　五轴平行线加工轨迹

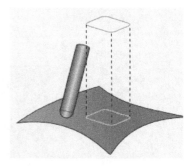

图 2-184　五轴曲线投影加工轨迹

（7）五轴侧铣加工　用二条曲线构建要加工的面，并且可以利用铣刀的侧刃进行加工，如图 2-185 所示。

（8）五轴限制面加工　用五轴添加限制面的方式加工曲面，如图 2-186 所示。

图 2-185　五轴侧铣加工轨迹

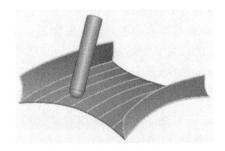

图 2-186　五轴限制面加工轨迹

（9）五轴参数线加工　用曲面参数线的方式生成五轴加工轨迹，每一点的刀轴方向为曲面的法向，并可根据加工的需要增加刀具前倾角。

（10）五轴曲面区域加工　生成曲面的五轴精加工轨迹，刀轴的方向由导向曲面控制。导向曲面只支持一张曲面。

相关加工策略的参数设置及轨迹生成、仿真结果见叶轮加工应用案例。

3. 叶轮加工

（1）叶轮粗加工　对叶轮相邻两个叶片之间的余量进行分层粗加工，如图 2-187 所示。

需要注意的是，叶片面与底面之间不能有圆弧等过渡面，两者必须相交；所选几何限定在一个叶槽内，不能跨多个叶槽；叶槽右叶面方向向左；叶槽左叶面方向向右；叶轮底面方向向上。

（2）叶轮精加工　对叶轮每个叶片的两个侧面进行精加工。

（3）叶轮沿曲线精加工　对叶轮每个叶片的两个侧面沿给定曲线进行精加工，如图 2-188 所示。

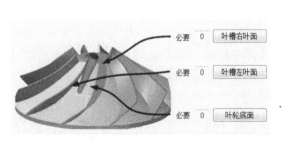

图 2-187　叶轮粗加工轨迹

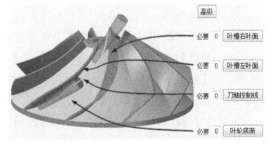

图 2-188　叶轮沿曲线精加工轨迹

（4）叶片精加工　对每个叶片进行精加工。

相关加工策略的参数设置及轨迹生成、仿真结果见叶轮加工应用案例。

▶▶ 2.4.6　图像加工

图像加工功能是对图像和影像资源进行加工，包含图像矢量化、图像浮雕加工和影像浮雕加工三个具体功能。

1）图像矢量化是依据图片的灰度信息，提取图片中各个图形轮廓，并转化为一组曲线的功能。

2）图像浮雕加工是依据图片中各点的灰度信息，赋予各个点不同的高度值，并生成相应的雕刻加工轨迹。

3）影像浮雕加工是依据影像图片中各点的亮度信息，赋予各个点不同的高度值，并生成相应的雕刻加工轨迹。

如图 2-189 所示，先打开需要进行加工的图片文件，用户可在对话框中对打开的图片进行预览，在【加工参数】选项卡中对各参数进行设置。

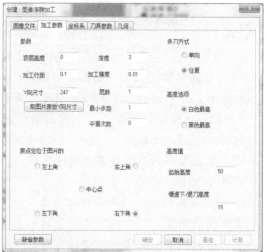

图 2-189　图像浮雕加工参数设置

2.4.7　知识加工

CAXA CAM 制造工程师 2020 提供了模板文件，用于记录用户已经成熟或定型的加工流程以及加工流程中各个工步的加工参数。这个功能被称为知识加工功能，即应用已有的知识进行加工。灵活使用该功能可以减少重复操作，提高加工效率。

在【制造】主菜单中选择【知识加工】→【保存模板】命令，弹出图 2-190 所示对话框，单击【拾取】按钮，拾取需要保存在模板中的轨迹，系统弹出【文件存储】对话框，要求输入要保存的文件名，后缀名为 .cpt。

将选中的若干轨迹生成模板文件。模板文件只保存轨迹的加工参数和刀具参数，几何参数不保存。

选定已有的模板文件后，出现加工轨迹树，可以将模板文件应用到新的加工模型上。应用模板后，系统新生成的几何要素均为空，具体的轨迹需要重新生成，如图 2-191 所示。

2.4.8　后置处理

后置处理就是结合特定机床把系统生成的二轴或三轴刀具轨迹转化成数控机床能够识别的指令代码，生成的指令代码可以直接输入数控机床用于加工。考虑到生成程序的通用性，CAXA CAM 制造工程师 2020 软件针对不同型号的数控机床，可以设置不同的机床参数和特定的数控程序，同时还可以对生成的机床指令代码的正确性进行核验。

后置处理模块包括后置配置、后置处理和反读轨迹三个功能。

图 2-190 【保存模板】对话框

图 2-191 应用模板

1. 后置设置

选择【制造】主菜单的【后置】→【后置设置】命令,弹出图 2-192 所示对话框,在左侧的两个列表中分别列出了现有的控制系统文件与机床配置文件,在中间的各个选项卡中可对相关参数进行设置,右侧的测试栏中,可以选中轨迹,并单击【生成代码】按钮,可以在【代码】选项卡中看到当前的后置设置下选中轨迹生成的指令代码,便于用户对照后置设置的效果。设置对话框中包含多个选项卡,分别对后置处理的各个方面进行设置。

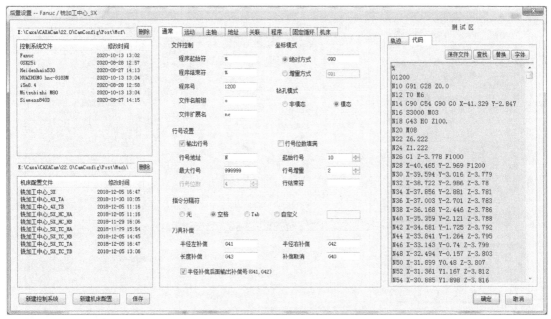

图 2-192 【后置设置】对话框

2. 后置处理

选择【制造】主菜单的【后置】→【后置处理】命令,弹出图 2-193 所示对话框,在左侧选取控制系统文件和机床配置文件,选取轨迹后,单击【后置】按钮,即可生成指令代码。生成的指令代码会显示在图 2-194 所示对话框中。

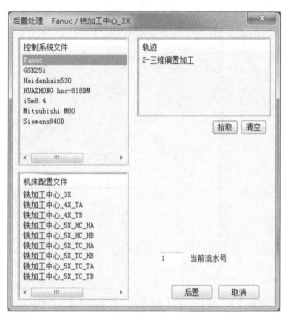

图 2-193 【后置处理】对话框

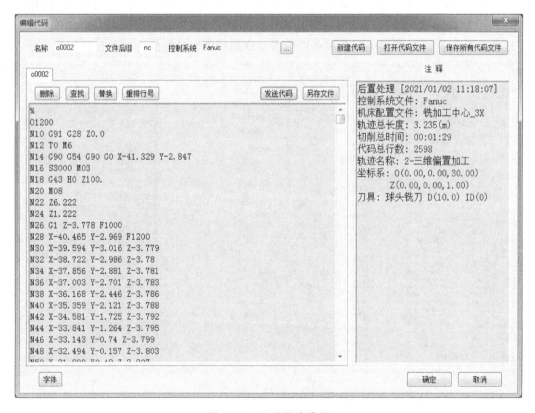

图 2-194 生成指令代码

3. 反读轨迹

选择【制造】主菜单的【后置】→【反读轨迹】命令，弹出图 2-195 所示对话框，选择已生成的代码文件，就其加工参数和刀具参数进行设定，即可生成刀具轨迹。

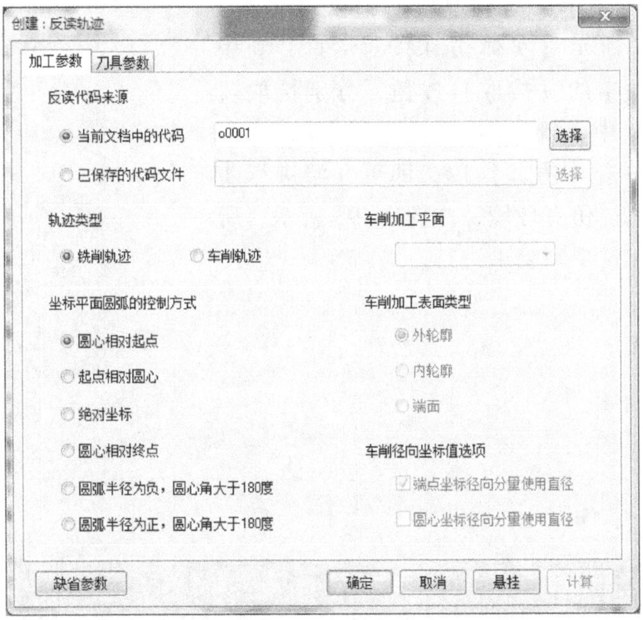

图 2-195　【创建：反读轨迹】对话框

▶▶ 2.4.9　轨迹仿真

轨迹仿真是对已有的加工轨迹进行加工过程模拟，以检查加工轨迹的正确性。对于系统生成的加工轨迹，在仿真时使用生成轨迹时的加工参数，即轨迹中记录的参数；对于从外部导入的加工轨迹，在仿真时使用系统当前的加工参数。

轨迹仿真有两种模式，一种为较简单的线框仿真模式，一种为更逼真的实体仿真模式。

1. 线框仿真

选择【制造】主菜单的【仿真】→【线框仿真】命令，弹出图 2-196 所示对话框，拾取要仿真的加工轨迹，单击鼠标右键结束拾取，系统弹出【线框仿真】对话框，单击【前进】按钮开始仿真。仿真过程中可进行暂停、上一步、下一步、终止和速度调节等操作。仿真结束，可以单击【回首点】按钮重新仿真，或者关闭【线框仿真】对话框终止仿真。

图 2-196　【线框仿真】对话框

2. 实体仿真

选择【制造】主菜单的【仿真】→【实体仿真】命令，弹出图 2-197 所示【实体仿真】对话框，利用【实体仿真】对话框中的【拾取】按钮，分别拾取轨迹、毛坯和零件。其中，轨迹和毛坯为必选项，选择好轨迹和毛坯后，单击【仿真】按钮即可开始进行实体仿真。系统弹出轨迹仿真环境，如图 2-198 所示。所有加工仿真过程都在这个环境里进行。

图 2-197 【实体仿真】对话框

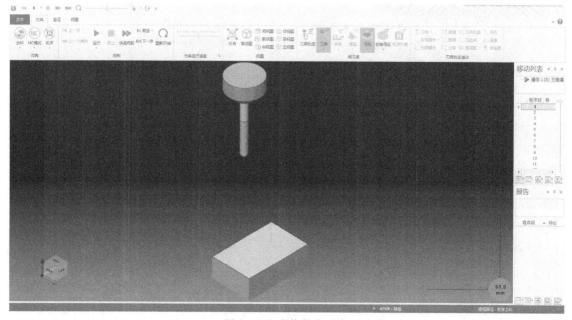

图 2-198 实体仿真环境

▶▶ 2.4.10 应用案例：连接板加工

根据图 2-199 所示连接板零件图样，完成连接板加工。

1. 案例分析

连接板主要由八边形凸台、凹槽和孔组成，材料为 AL，120mm×120mm×20mm 的毛坯外形已铣削成形。八边形凸台粗加工采用 ϕ10mm 立铣刀执行【平面区域粗加工】操作，精加工采用 ϕ10mm 立铣刀执行【平面轮廓精加工】操作；凹槽粗加工采用 ϕ6mm 立铣刀执行【平面区域粗加工】操作，精加工采用 ϕ6mm 立铣刀执行【平面轮廓精加工】操作；孔加工采用 ϕ10mm 麻花钻和 ϕ6mm 立铣刀完成，加工工艺方案见表 2-1。

2. 加工步骤

1）根据连接板零件图样，在设计环境显示区创建连接板三维模型，结果如图 2-200 所示。

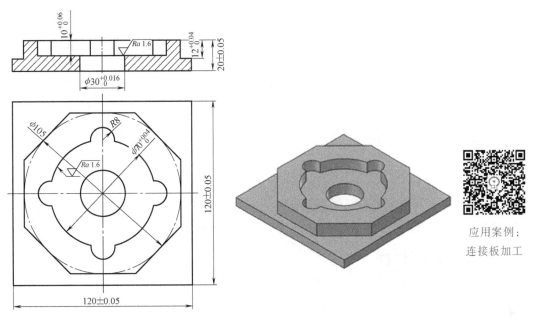

图 2-199　连接板零件图

表 2-1　连接板加工工艺方案

序号	方法	加工方式	刀具号	刀具类型	主轴转速 /(r/min)	进给速度 /(mm/min)
1	粗加工	平面区域粗加工	1	φ10mm 立铣刀	3000	250
2	精加工	平面轮廓精加工	1	φ10mm 立铣刀	3000	250
3	粗加工	平面区域粗加工	2	φ6mm 立铣刀	3000	250
4	精加工	平面轮廓精加工	2	φ6mm 立铣刀	3000	300
5	孔加工	铣圆孔加工	2	φ6mm 立铣刀	1000	100

2）在加工环境中创建坐标系，单击【制造】主菜单中的【坐标系】按钮创建加工坐标系。在【创建坐标系】对话框中单击【原点坐标】选项组中的【点】按钮，在弹出的【点拾取工具】对话框中选中【圆弧中心点】单选按钮，拾取上表面 φ70mm 圆孔的中心点，完成加工坐标系的创建，如图 2-201 所示。

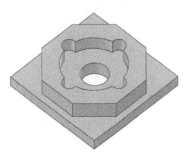

图 2-200　连接板三维模型

3）在加工环境中创建毛坯。在【创建毛坯】对话框中单击【拾取参考模型】按钮，选中【零件】单选按钮，拾取连接板，结果如图 2-202 所示。

4）在加工环境中创建刀库，刀具参数及速度参数如图 2-203 所示。

5）单击【制造】主菜单中的【平面区域粗加工】按钮 平面区域粗加工，对平面区域粗加工相关参数进行设置。在【加工参数】选项卡中对走刀方式、轮廓参数、岛屿参数、加工参数和行距等参数进行设置，结果如图 2-204 所示；在【下刀方式】选项卡中对安全高度、慢速下刀距离和退刀距离等参数进行设置，结果如图 2-205 所示；在图 2-206 所示【几何】

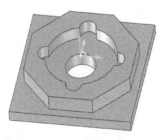

图 2-201　创建坐标系

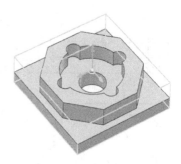

图 2-202　创建连接板毛坯

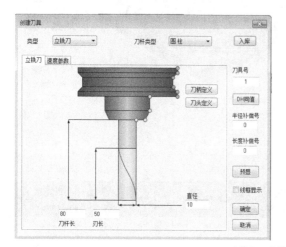

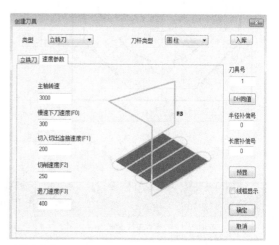

a) φ10mm立铣刀及速度参数

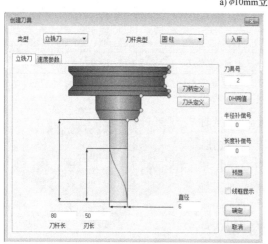

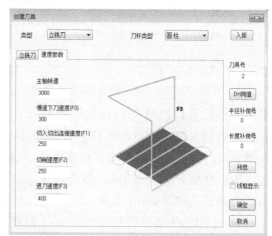

b) φ6mm立铣刀及速度参数

图 2-203　刀具参数及速度参数

选项卡中，单击【轮廓曲线】按钮，选择连接板外轮廓边，结果如图2-207所示；单击【岛屿曲线】按钮，选择八边形轮廓边，如图2-208所示，生成的平面区域粗加工轨迹结果如图2-209所示。

6）单击【制造】主菜单中的【平面轮廓精加工】按钮 平面轮廓精加工，对平面轮廓精加

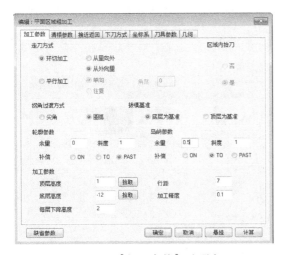

图 2-204　【加工参数】选项卡

图 2-205　【下刀方式】选项卡

图 2-206　【几何】选项卡

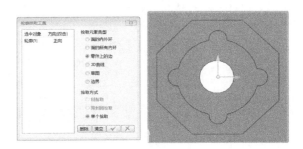

图 2-207　轮廓曲线拾取

图 2-208　岛屿曲线拾取

图 2-209　平面区域粗加工轨迹

工相关参数进行设置。在【加工参数】选项卡中对加工参数、偏移类型、行距定义方式、抬刀和层间走刀等参数进行设置，结果如图 2-210 所示；在【下刀方式】选项卡中对安全高度、慢速下刀距离和退刀距离等参数进行设置，如图 2-211 所示；在图 2-212 所示【几何】

选项卡中，单击【轮廓曲线】按钮，选择八边形轮廓边，如图2-213所示，生成的平面轮廓精加工轨迹结果如图2-214所示。

图2-210 【加工参数】选项卡

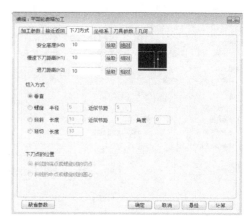

图2-211 【下刀方式】选项卡

图2-212 【几何】选项卡

图2-213 轮廓曲线拾取

7）单击【制造】主菜单中的【平面区域粗加工】按钮 平面区域粗加工，对平面区域粗加工相关参数进行设置。在【加工参数】选项卡中对走刀方式、轮廓参数、岛屿参数、加工参数和行距等参数进行设置，结果如图2-215所示；在【下刀方式】选项卡中对安全高度、慢速下刀距离和退刀距离等参数进行设置，结果如图2-216所示；在图2-217所示【几何】选项卡中，单击【轮廓曲线】按钮，选择八边形轮廓边，如图2-218所示，生成的平面区域粗加工轨迹结果如图2-219所示。

图2-214 平面轮廓精加工轨迹

8）单击【制造】主菜单中的【平面轮廓精加工】按钮 平面轮廓精加工，对平面轮廓精加工相关参数进行设置。在【加工参数】选项卡中对加工参数、偏移类型、行距定义方式、抬刀和层间走刀等参数进行设置，结果如图2-220所示；在【下刀方式】选项卡中对安全高度、慢速下刀距离和退刀距离等参数进行设置，结果与图2-216相同；在图2-221的【几何】选项卡中，单击【轮廓曲线】按钮，选择八边形轮廓边，如图 2-222 所示，生成的平面轮廓精加工轨迹结果如图 2-223 所示。

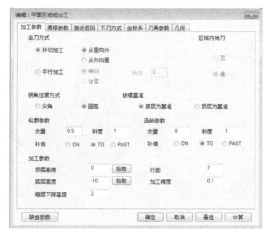

图 2-215 【加工参数】选项卡

图 2-216 【下刀方式】选项卡

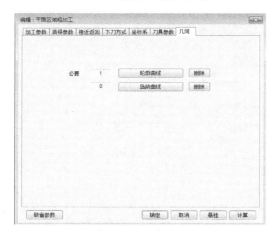

图 2-217 【几何】选项卡

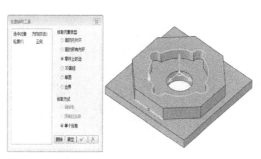

图 2-218 轮廓曲线拾取

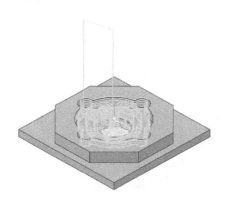

图 2-219 平面区域粗加工轨迹

图 2-220 【加工参数】选项卡

图 2-221 【几何】选项卡

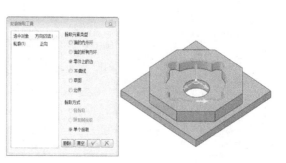

图 2-222 轮廓曲线拾取

图 2-223 平面轮廓精加工轨迹

图 2-224 【加工参数】选项卡

9）单击【制造】主菜单中的【孔加工】按钮 孔加工，对孔加工相关参数进行设置。在【加工参数】选项卡中对主轴转速、钻孔速度、钻孔深度和下刀增量等参数进行设置，结果如图 2-224 所示；在【刀具参数】选项卡中对钻头相关参数进行设置，如图 2-225 所示；在图 2-226 所示【几何】选项卡中，单击【孔点】按钮，在弹出的【点拾取工具】对话框中选中【圆弧中心点】单选按钮，拾取上表面 $\phi70$mm 圆孔的中心点，如图 2-227 所示，生成的孔加工轨迹结果如图 2-228 所示。

10）单击【制造】主菜单中的【铣圆孔加工】按钮 铣圆孔加工，对铣圆孔加工相关参数进行设置。在【加工参数】选项卡中对铣削方式、深度参数、切入切出参数和高度参数等进行设置，结果如图 2-229 所示；在【刀具参数】选项卡中选择 2 号刀具；在图 2-230 所示【几何】选项卡中，单击【圆】按钮，拾取上表面 $\phi30$mm 孔轮廓，如图 2-231 所示，生成的铣圆孔加工轨迹结果如图 2-232 所示。

图 2-225 【刀具参数】选项卡

图 2-226 【几何】选项卡

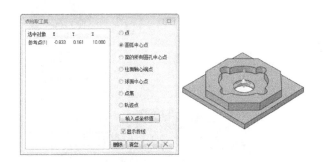

图 2-227 点拾取

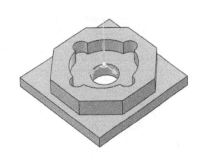

图 2-228 孔加工轨迹

图 2-229 【加工参数】选项卡

图 2-230 【几何】选项卡

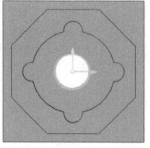

图 2-231 【圆拾取工具】对话框

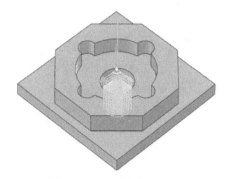

图 2-232 铣圆孔加工轨迹

2.4.11 应用案例：摩擦圆盘的压铸模腔加工

根据图 2-233 所示摩擦圆盘的压铸模腔零件图样，完成其加工。

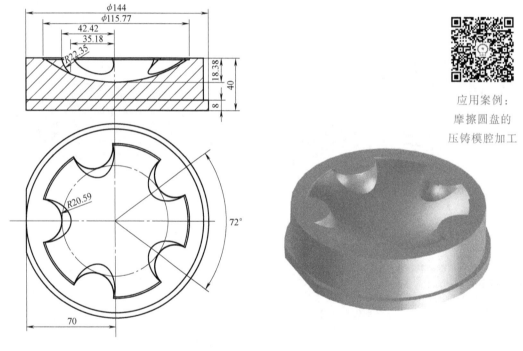

应用案例：
摩擦圆盘的
压铸模腔加工

图 2-233 摩擦圆盘的压铸模腔零件图

1. 案例分析

摩擦圆盘的压铸模腔主要由主球底型腔和五个凸台组成，材料为 H13，毛坯外形已车削成形。粗加工采用 ϕ12mm 圆鼻刀执行【等高线粗加工】操作，半精加工采用 ϕ8mm 球头刀执行【等高线粗加工】操作，精加工采用 ϕ6mm 球头刀执行【等高线精加工】操作，最后采用 ϕ4mm 立铣刀对止口执行【平面区域粗加工】操作，加工工艺方案见表 2-2。

2. 加工步骤

1）打开 2.3.4 创建的"摩擦圆盘的压铸模腔"文件。

2）在加工环境中创建刀库，刀具参数及速度参数如图 2-234 所示。

表 2-2 摩擦圆盘压铸模腔加工工艺方案

序号	方法	加工方式	刀具号	刀具类型	主轴转速 /(r/min)	进给速度 /(mm/min)
1	粗加工	等高线粗加工	1	ϕ12mm 圆鼻刀	1000	350
2	半精加工	等高线粗加工	2	ϕ8mm 球头刀	1500	250
3	精加工	等高线精加工	3	ϕ6mm 球头刀	1800	150
4		平面区域粗加工	4	ϕ4mm 立铣刀	3000	150

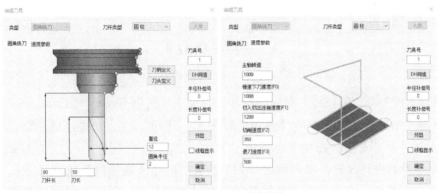

a) ϕ12mm圆鼻刀及速度参数

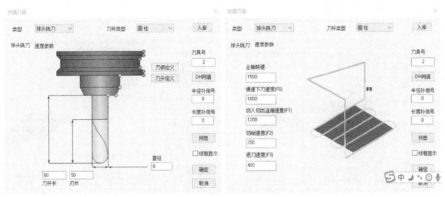

b) ϕ8mm球头刀及速度参数

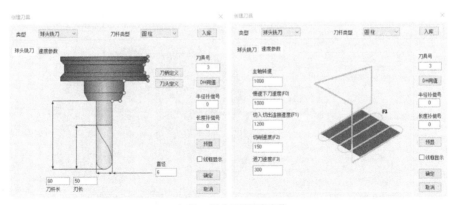

c) ϕ6mm球头刀及速度参数

图 2-234 刀具参数及速度参数

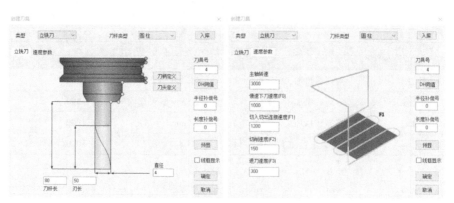

d) ϕ4mm立铣刀及速度参数

图 2-234　刀具参数及速度参数（续）

3）设置毛坯类型为圆柱体，对应高度和半径尺寸分别为 40mm 和 70mm。

4）单击【制造】主菜单中的【等高线粗加工】按钮 ，对等高线粗加工相关参数进行设置。在【加工参数】选项卡中对加工方式、加工方向、走刀方式、余量和精度、层参数和行距等参数进行设置，结果如图 2-235 所示；在【区域参数】选项卡下的【加工边界】选项卡中，单击【拾取加工边界】按钮，在【轮廓拾取工具】对话框中选中【零件上的边】单选按钮，拾取型腔的边缘线，如图 2-236 和图 2-237 所示；在【连接参数】选项卡

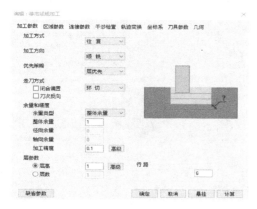

图 2-235　【加工参数】选项卡

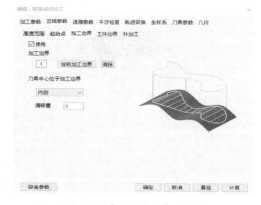

图 2-236　【区域参数】选项卡

图 2-237　加工边界的拾取

中对连接方式、下刀方式和空切区域等参数进行设置，结果如图2-238~图2-240所示；在【刀具参数】选项卡的刀库中选择1号刀具，如图2-241所示；在【几何】选项卡中，单击【加工曲面】按钮，选择主球底型腔面和五个凸台面作为加工曲面，并拾取毛坯，如图2-242所示，生成的等高线粗加工轨迹结果如图2-243所示。

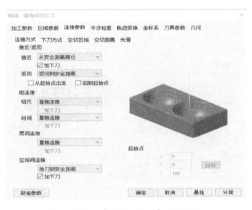

图2-238　【连接方式】选项卡

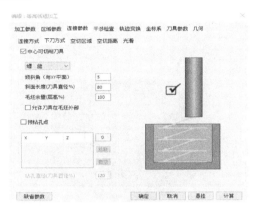

图2-239　【下刀方式】选项卡

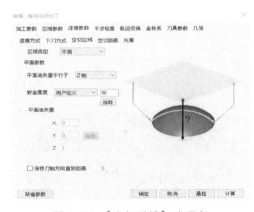

图2-240　【空切区域】选项卡

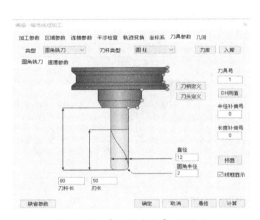

图2-241　【刀具参数】选项卡

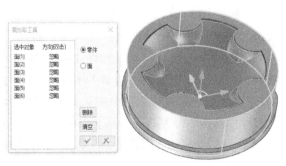

图2-242　拾取加工曲面

5）单击【等高线粗加工】按钮，对等高线粗加工相关参数进行设置。在【加工参数】选项卡中对加工方式、加工方向、走刀方式、余量和精度、层参数和行距等参数进行设置，结果如图 2-244 所示；【区域参数】选项卡和【连接参数】选项卡可参考步骤 4）中的参数设置；在【刀具参数】选项卡的刀库中选择 2 号刀具，如图 2-245 所示；继续选择主球底型腔面和五个凸台面作为加工曲面，并拾取零件毛坯，生成的等高线粗加工轨迹结果如图 2-246 所示。

图 2-243　等高线粗加工轨迹

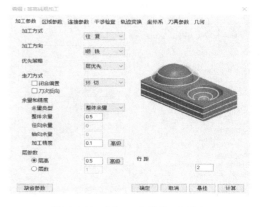

图 2-244　【加工参数】选项卡

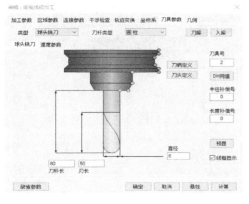

图 2-245　【刀具参数】选项卡

图 2-246　等高线粗加工轨迹

6）单击【制造】主菜单中的【等高线精加工】按钮 等高线精加工，对等高线精加工相关参数进行设置。在【加工参数】选项卡中对加工方式、加工方向、优先策略、加工顺序和层参数等参数进行设置，结果如图 2-247 所示；在【区域参数】选项卡下的【加工边界】选项卡中，单击【拾取加工边界】按钮，如图 2-248 所示，在图 2-249 所示对话框中选中【零件上的边】单选按钮，拾取型腔的边缘线，结果如图 2-249 所示；在【刀具参数】选项卡的刀库中选择 3 号刀具，如图 2-250 所示；在【几何】选项卡中加工曲面和毛坯的选择可参看步骤 5），生成的等高线精加工轨迹结果如图 2-251 所示。

7）选择主菜单制造→单击 平面轮廓精加工，对平面轮廓粗加工相关参数进行设置。在【加工参数】选项卡中对加工参数、行距定义方式、偏移方向、走刀方式和偏移类型等参数进行设置，结果如图 2-252 所示；在【刀具参数】选项卡的刀库中选择 4 号刀具，如图 2-253 所示；在【几何】选项卡中分别对轮廓曲线、进刀点和退刀点进行设置，结果如

图 2-254～图 2-256 所示，生成的平面轮廓精加工轨迹结果如图 2-257 所示。

8）选择零件加工树中所有刀具轨迹进行实体仿真，结果如图 2-258 所示。

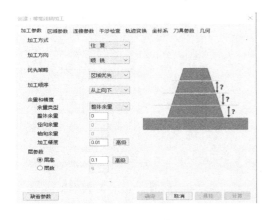

图 2-247 【加工参数】选项卡

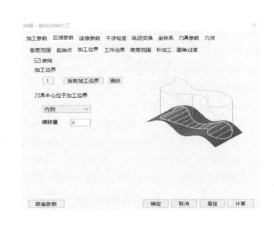

图 2-248 【区域参数】选项卡

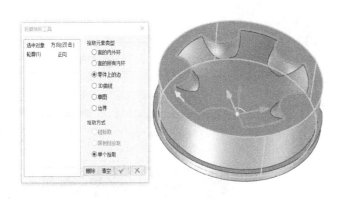

图 2-249 拾取加工边界

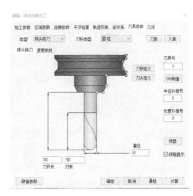

图 2-250 【刀具参数】选项卡

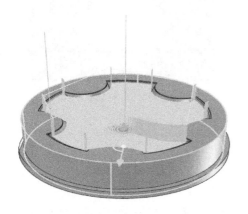

图 2-251 等高线精加工轨迹

图 2-252 【加工参数】选项卡

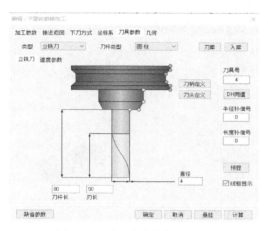

图 2-253 【刀具参数】选项卡

图 2-254 【几何】选项卡

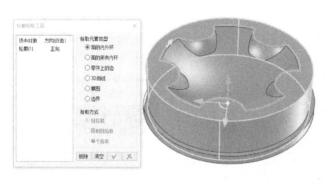

图 2-255 轮廓曲线的拾取

图 2-256 进刀点和退刀点的设置

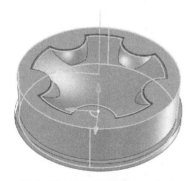

图 2-257 平面轮廓精加工轨迹

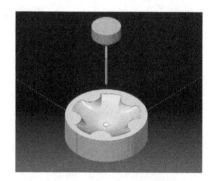

图 2-258 实体仿真结果

▶▶ 2.4.12 应用案例：叶片加工

根据图 2-259 所示叶片零件图样，完成叶片加工。

1. 案例分析

叶片型面主要为双截面形状，其中两个截面的形状不同，材料主要为铝合金。粗加工采用 φ20mm 立铣刀执行【四轴旋转粗加工】操作，精加工采用 φ10mm 球头刀执行【四轴旋转精加工】操作，加工工艺方案见表 2-3。

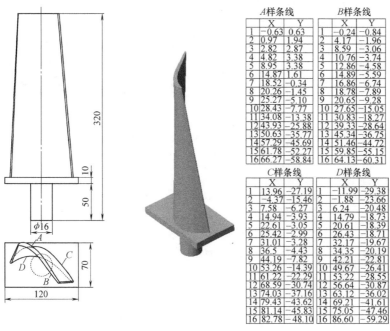

应用案例：

叶片加工

A样条线		B样条线	
X	Y	X	Y
1 -0.63	0.63	1 -0.24	-0.84
2 0.97	1.94	2 4.17	-1.96
3 2.82	2.87	3 8.59	-3.06
4 4.82	3.38	4 10.76	-3.74
5 8.95	3.38	5 12.86	-4.58
6 14.87	1.61	6 14.89	-5.59
7 18.52	-0.34	7 16.86	-6.74
8 20.26	-1.45	8 18.78	-7.89
9 25.27	-5.10	9 20.65	-9.28
10 28.43	-7.77	10 27.65	-15.05
11 34.08	-13.38	11 30.83	-18.27
12 43.93	-25.88	12 39.33	-28.64
13 50.63	-35.77	13 45.34	-36.75
14 57.29	-45.69	14 51.46	-44.72
15 61.78	-52.27	15 59.85	-55.15
16 66.27	-58.84	16 64.13	-60.31

C样条线		D样条线	
X	Y	X	Y
1 13.96	-27.19	1 -11.99	-29.38
2 -4.37	-15.46	2 -1.88	-23.66
3 7.58	-6.27	3 6.24	-20.48
4 14.94	-3.93	4 14.79	-18.73
5 22.61	-3.05	5 20.61	-18.39
6 25.42	-2.99	6 26.43	-18.71
7 31.01	-3.28	7 32.17	-19.67
8 36.5	-4.43	8 34.35	-20.19
9 44.19	-7.82	9 42.21	-22.81
10 53.26	-14.39	10 49.67	-26.41
11 61.22	-22.29	11 53.22	-28.55
12 68.59	-30.74	12 56.64	-30.87
13 74.03	-37.16	13 63.12	-36.02
14 79.43	-43.62	14 69.21	-41.61
15 81.41	-45.83	15 75.05	-47.46
16 82.78	-48.10	16 86.60	-59.29

图 2-259 叶片零件图

表 2-3 叶片加工工艺方案

序号	方法	加工方式	刀具号	刀具类型	主轴转速/(r/min)	进给速度/(mm/min)
1	粗加工	四轴旋转粗加工	1	φ20mm 立铣刀	3000	200
2	精加工	四轴旋转精加工	2	φ10mm 球头刀	2000	250

2. 加工步骤

1）根据叶片相关尺寸，在设计环境显示区中创建叶片三维模型，结果如图 2-260 所示。

2）在加工环境中创建毛坯。单击【拾取参考模型】按钮，选中【面】单选按钮，拾取叶片的上表面、底平面及四个曲面，结果如图 2-261 所示。

3）在加工环境中创建坐标系，单击【制造】主菜单中的【坐标系】按钮创建加工坐标系，如图 2-262 所示。单击【点】按钮，在图 2-263 所示对话框中选中【柱面轴心端点】单选按钮，拾取叶片圆柱面左端中心点，完成加工坐标系的创建，如图 2-264 所示。

图 2-260 叶片三维模型

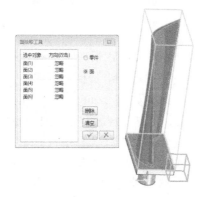

图 2-261 创建叶片毛坯

图 2-262 【创建坐标系】对话框

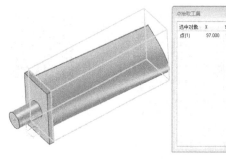

图 2-263   拾取坐标原点   图 2-264   创建加工坐标系

4）在加工环境中创建刀库，刀具参数及速度参数如图 2-265 所示。

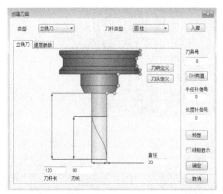
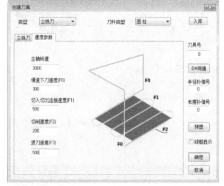

a) φ20mm立铣刀及速度参数

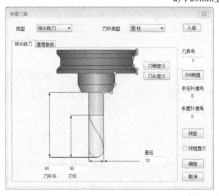
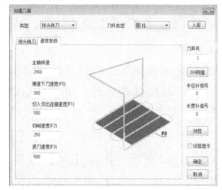

b) φ10mm球头铣刀及速度参数

图 2-265   刀具参数及速度参数

5）单击【制造】主菜单中的【四轴旋转粗加工】按钮，对四轴旋转粗加工相关参数进行设置。在【加工参数】选项卡中对加工方式、加工方向、走刀方式、旋转轴、行距和角度范围等参数进行设置，结果如图 2-266 所示；对【连接参数】选项卡下的【间隙连接】【行间连接】【层间连接】【空切区域】选项卡中的参数进行设置，如图 2-267 ~ 图 2-270 所示；在【粗加工】选项卡中主要对【分层（1）】选项卡中的参数进行设置，如图 2-271 所示；在【刀具参数】选项卡的刀库中选择 1 号刀具；在图 2-272 所示【几何】选项卡中，单击【加工曲面】按钮，选择叶片四个侧面，如图 2-273 所示；单击【毛坯】按钮，并拾取零件毛坯，生成的四轴旋转粗加工轨迹结果如图 2-274 所示。

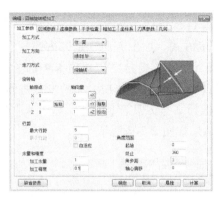

图 2-266 【加工参数】选项卡

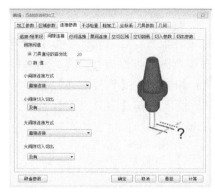

图 2-267 【间隙连接】选项卡

图 2-268 【行间连接】选项卡

图 2-269 【层间连接】选项卡

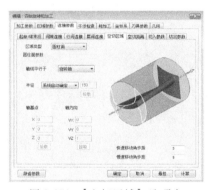

图 2-270 【空切区域】选项卡

图 2-271 【粗加工】选项卡

图 2-272 【几何】选项卡

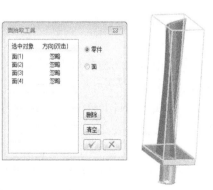

图 2-273 拾取面

6）单击【制造】主菜单中的【四轴旋转精加工】按钮 四轴旋转精加工，对四轴旋转精加工相关参数进行设置。在【加工参数】选项卡中对加工方式、加工方向、走刀方式、旋转轴、行距和角度范围等参数进行设置，结果如图 2-275 所示；【连接参数】选项卡中的参数设置与步骤 5）相同；在【轨迹变换】选项卡下主要对【分层（1）】选项卡中的参数进行设置，如图 2-276 所示；在【刀具参数】选项卡的刀库中选择 2 号刀具；【几何】选项卡中的参数设置与步骤 5）相同，生成的四轴旋转精加工轨迹结果如图 2-277 所示。

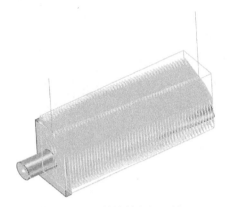

图 2-274　四轴旋转粗加工轨迹

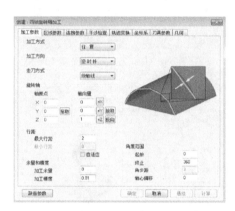

图 2-275　四轴旋转精加工【加工参数】选项卡

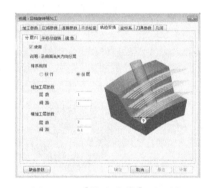

图 2-276　【轨迹变换】选项卡

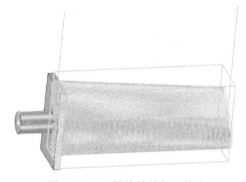

图 2-277　四轴旋转精加工轨迹

2.4.13　应用案例：叶轮加工

根据图 2-278 所示叶轮零件图样，完成叶轮加工。

1. 案例分析

叶轮主要由主球底型腔和八个叶片组成，材料为 H13，毛坯外形已车削成形。粗加工采用 ϕ10mm 立铣刀对整个叶轮进行加工，再采用 ϕ8mm 球头刀对叶片进行粗加工，精加工时采用 ϕ6mm 球头刀对叶片和整个叶轮进行精加工，最后采用 ϕ4mm 立铣刀对止口进行精加工，加工工艺方案见表 2-4。

2. 加工步骤

1）打开 2.3.5 应用案例中创建的叶轮文件。

2）在加工环境中创建刀库，刀具参数及速度参数如图 2-279 所示。

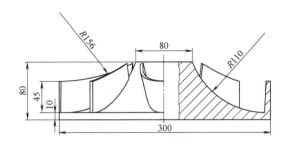

点	X坐标	Y坐标
A	0	150
B	16	100
C	14	50
D	30	102
E	33	44

应用案例：
叶轮加工

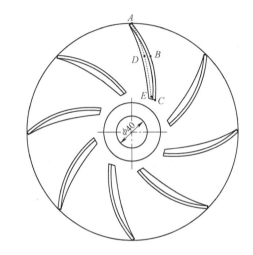

图 2-278　叶轮零件图

表 2-4　工艺方案表

序号	方法	加工方式	刀具号	刀具类型	主轴转速 /(r/min)	进给速度 /(mm/min)
1	粗加工	等高线粗加工	1	φ10mm 立铣刀	3000	300
2	粗加工	叶片粗加工	2	φ8mm 球头铣刀	1500	250
3	精加工	叶轮精加工	3	φ6mm 球头铣刀	1800	150
4	精加工	等高线精加工	4	φ6mm 球头铣刀	1800	150
5		平面区域粗加工	5	φ4mm 立铣刀	3000	150

3）设置毛坯类型圆柱体，对应高度和半径尺寸分别为 40mm 和 70mm。

4）单击【制造】主菜单中的【等高线粗加工】按钮，对等高线粗加工相关参数进行设置。在【加工参数】选项卡中对加工方式、加工方向、走刀方式、余量和精度、层参数和行距等参数进行设置，结果如图 2-280 所示；在【区域参数】选项卡下的【加工边界】选项卡中，单击【拾取加工边界】按钮，选中【零件上的边】单选按钮，拾取叶轮底座的边缘线，结果如图 2-281 和图 2-282 所示；在【连接参数】选项卡中对连接方式参数进行设置，如图 2-283 所示；在【刀具参数】选项卡的刀库中选择 1 号刀具；在【几何】选项卡中，单击【加工曲面】按钮，选择叶轮，并拾取零件毛坯，如图 2-284 和图 2-285 所示，生成的等高线粗加工轨迹结果如图 2-286 所示。

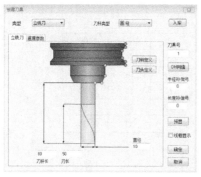
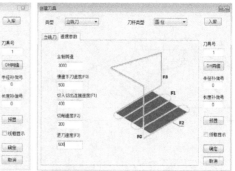

a) φ10mm立铣刀及速度参数

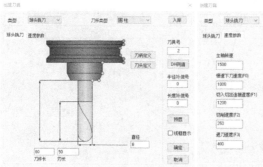
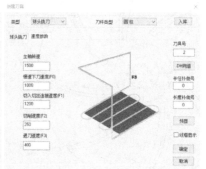

b) φ8mm球头铣刀及速度参数

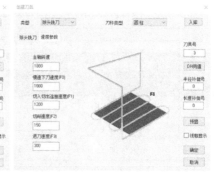

c) φ6mm球头铣刀及速度参数

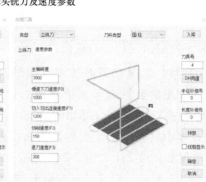

d) φ4mm立铣刀及速度参数

图 2-279　刀具参数及速度参数

图 2-280 【加工参数】选项卡

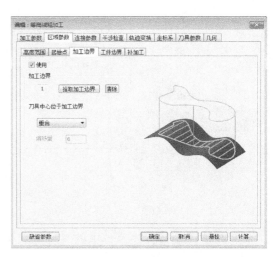

图 2-281 【区域参数】选项卡

图 2-282 拾取加工边界

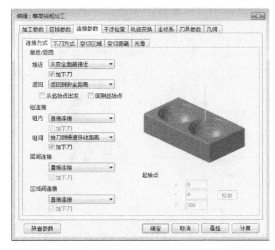

图 2-283 【连接参数】选项卡

图 2-284 【几何】选项卡

图 2-285　拾取加工曲面

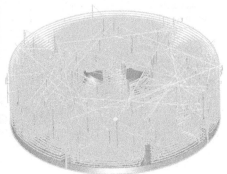

图 2-286　等高线粗加工轨迹

5）单击【制造】主菜单中的【叶轮粗加工】按钮 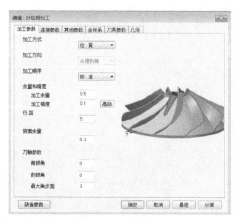 叶轮粗加工，对叶轮粗加工相关参数进行设置。在【加工参数】选项卡中对加工方式、加工方向、加工顺序、余量和精度、行距和刀轴参数等参数进行设置，结果如图 2-287 所示；对【连接参数】选项卡下的【行间连接】【层间连接】【行间连接】选项卡中的参数进行设置，如图 2-288 和图 2-289 所示；对【其他参数】选项卡下的【分层（2）】选项卡中的参数进行设置，如图 2-290 所示；在【刀具参数】选项卡的刀库中选择 2 号刀具；在图 2-291 所示的【几何】选项卡中，单击【叶槽右叶面】按钮，选择叶轮上某一叶片右

图 2-287　叶轮粗加工【加工参数】选项卡

侧面，如图 2-292 所示；单击【叶槽左叶面】按钮，选择与上一步中叶片紧邻叶片的左侧面，如图 2-293 所示；单击【叶槽底面】按钮，选择叶片底面，如图 2-294 所示；单击【毛坯】按钮，并拾取零件毛坯，生成的叶轮粗加工轨迹结果如图 2-295 所示。

图 2-288　叶轮粗加工【连接参数】选项卡

图 2-289　叶轮粗加工【层间连接】选项卡

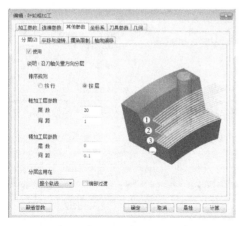

图 2-290　叶轮粗加工【其他参数】选项卡

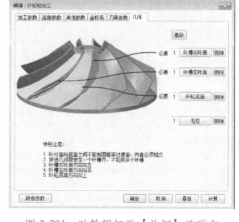

图 2-291　叶轮粗加工【几何】选项卡

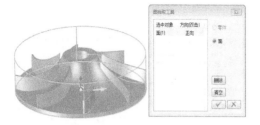

图 2-292　叶槽右叶面

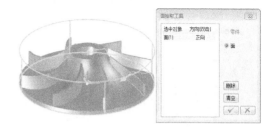

图 2-293　叶槽左叶面

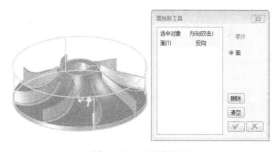

图 2-294　叶槽底面

图 2-295　叶轮粗加工轨迹

6）单击【制造】主菜单中的【阵列轨迹】按钮，对叶轮粗加工轨迹进行阵列操作，参数设置如图 2-296 所示。选中【圆形阵列】单选按钮；在【圆形阵列参数】选项组中，单击【拾取】按钮出现图 2-297 所示【方向拾取工具】对话框，单击【输入方向坐标值】按钮，设置 X=0，Y=0，Z=1，并确定【8】和【45】为指定数量和间距；拾取上一步的轨迹为源轨迹，生成的阵列轨迹如图 2-298 所示。

7）单击【制造】主菜单中的【叶轮精加工】按钮，对叶轮粗精工相关参数进行设置。在【加工参数】选项卡中对加工方式、加工方向、加工顺序、余量和精度、行距和刀轴参数等参数进行设置，结果如图 2-299 所示；【其他参数】选项卡及【几何】选项卡中参数的设置与叶轮粗加工的相关参数一致，生成的叶轮精加工轨迹结果如图 2-300 所示。

图 2-296　叶轮粗加工阵列轨迹参数设置

图 2-297　【方向拾取工具】对话框

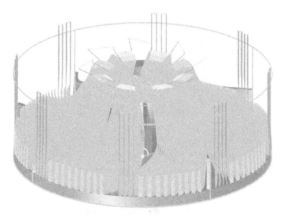

图 2-298　叶轮粗加工阵列轨迹

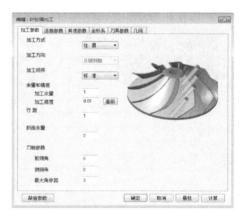

图 2-299　叶轮精加工参数

8）单击【制造】主菜单中的【阵列轨迹】按钮 ⬚⬚ 阵列轨迹，对叶轮精加工轨迹进行阵列，生成的阵列轨迹如图 2-301 所示。

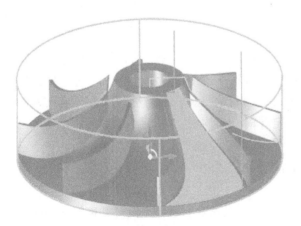

图 2-300　叶轮精加工轨迹

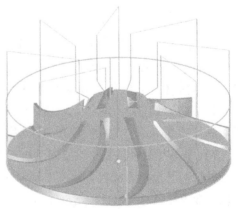

图 2-301　叶轮精加工阵列轨迹

9）单击【制造】主菜单中的【等高线粗加工】按钮 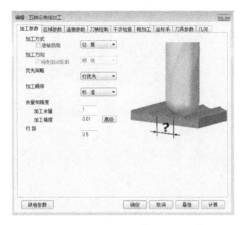，对叶轮叶片上表面进行精加工。在【加工参数】选项卡中对加工方式、加工方向、加工顺序、余量和精度和行距等参数进行设置，结果如图 2-302 所示；在图 2-303 所示【几何】选项卡中，单击【加工曲面】按钮，选择叶片上表面，如图 2-304 所示；单击【导向线】按钮，选择与叶片边缘线，如图 2-305 所示，生成的叶轮粗加工轨迹结果如图 2-306 所示。

图 2-302　五轴沿曲线加工【加工参数】选项卡

图 2-303　五轴沿曲线加工【几何】选项卡

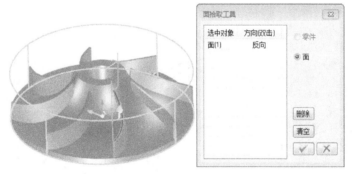

图 2-304　拾取加工曲面

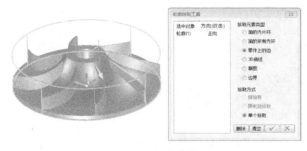

图 2-305　导向线拾取

图 2-306　叶轮粗加工轨迹

10）单击【制造】主菜单中的【阵列轨迹】按钮 ，对叶轮精加工轨迹进行阵列，生成的阵列轨迹如图 2-307 所示。

11）完成叶轮加工，图 2-308 所示为所有加工轨迹。

图 2-307　五轴沿曲线加工阵列轨迹

图 2-308　叶轮加工轨迹

思考与练习题

2.1　根据图 2-309～图 2-311 所示图样，创建三维曲面图形。

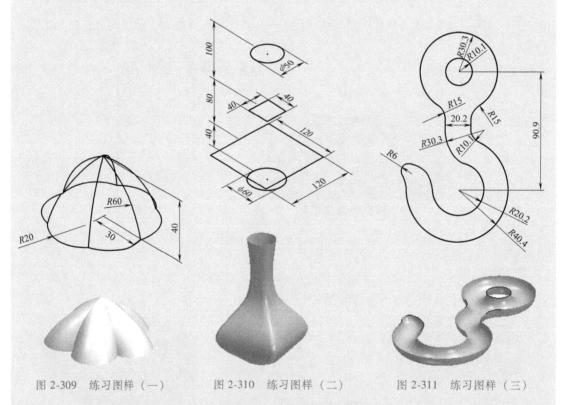

图 2-309　练习图样（一）　　　图 2-310　练习图样（二）　　　图 2-311　练习图样（三）

2.2　根据图 2-312～图 2-314 所示图样，创建零件的实体特征造型。

2.3　根据图 2-315 所示吊耳零件图样，完成该零件的实体特征造型。

2.4　根据图 2-316 所示凹槽零件图样，完成该零件的实体特征造型，并生成加工轨迹和 G 代码。

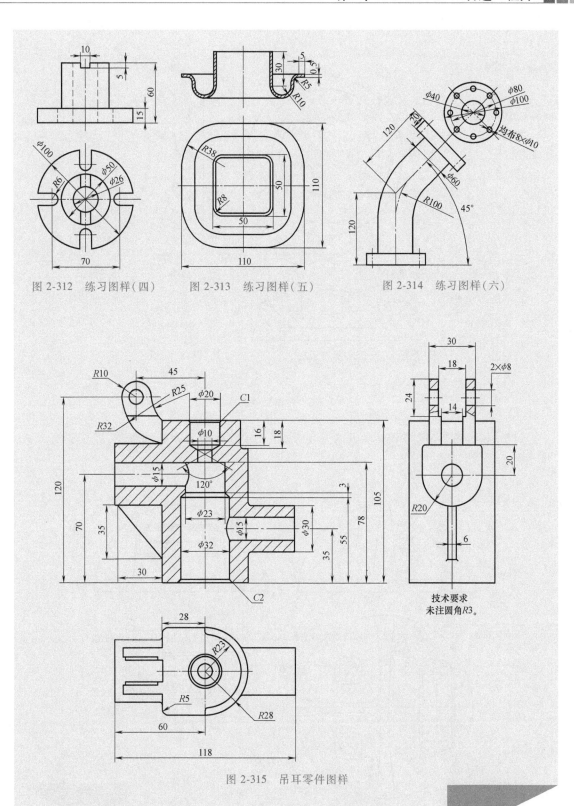

图 2-312　练习图样（四）　　　图 2-313　练习图样（五）　　　图 2-314　练习图样（六）

技术要求
未注圆角R3。

图 2-315　吊耳零件图样

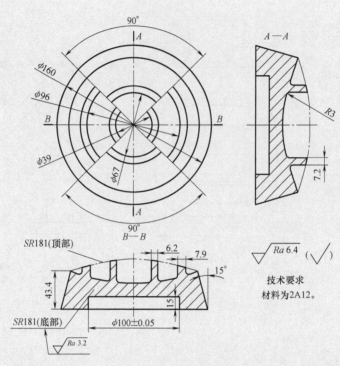

技术要求
材料为2A12。

图 2-316　凹槽零件图样

2.5　根据图 2-317 多面体机座零件图样,完成该零件的实体特征造型,并生成加工轨迹和 G 代码。

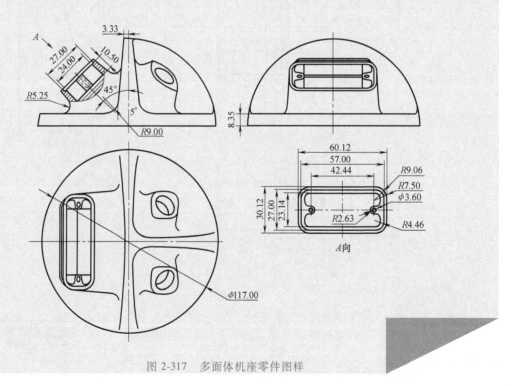

图 2-317　多面体机座零件图样

第 3 章

CAXA CAM数控车

3.1 软件概述

CAXA CAM 数控车 2020 是在全新的数控加工平台上开发的数控车床加工编程和二维图形设计软件。CAXA CAM 数控车 2020 具有强大的绘图功能和完善的外部数据接口，可以绘制任意复杂的图形，可通过 DXF、IGES 等数据接口与其他系统交换数据。CAXA CAM 数控车 2020 提供了功能强大、使用简洁的轨迹生成手段，可按加工要求生成各种复杂图形的加工轨迹，通用的后置处理模块使 CAXA CAM 数控车 2020 可以满足各种机床的代码格式，可输出 G 代码，并对生成的指令进行校验及加工仿真。

3.1.1 软件界面

CAXA CAM 数控车 2020 的用户界面包括 Fluent 和经典两种风格，如图 3-1 所示。可以为用户带来高效且有序的操作体验，Fluent 界面与经典界面可以通过<F9>键进行一键切换。

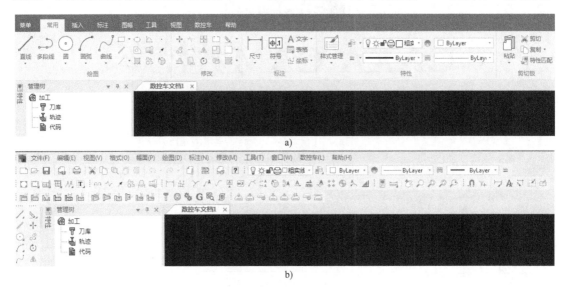

a)

b)

图 3-1 CAXA CAM 数控车 2020 用户界面

3.1.2 新增功能

1. 树形展示管理工具

管理树以树形图的形式，直观地展示了当前文档的刀具、轨迹、代码等信息，并提供了很多树上的操作功能，便于用户执行各项与数控车相关的命令，善用管理树，将大大提高使用 CAXA CAM 数控车 2020 的效率。

2. 一体化刀库管理工具

刀具库管理功能可对轮廓车刀、切槽刀具、螺纹车刀、钻孔刀具四种刀具类型进行管理。便于用户从刀具库中获取刀具信息和对刀具库进行维护。

3. 开放灵活的后置设置工具

后置设置功能给用户提供了一种灵活且方便的配置机床的方法，对不同机床进行合理的配置，具有重要的实际意义。

4. 内置代码编辑工具

在代码编辑对话框中，可以手动修改代码，设定代码文件名称与后缀名称，并保存代码，在对话框右侧的备注框中可以看到轨迹与代码的相关信息。

3.2　二维图形绘制

CAXA CAM 数控车 2020 绘图功能采用立即菜单交互方式，传承旧版本的经典并行交互模式，具有方便的空格菜单及功能键：捕捉——拾取点时弹出捕捉菜单，重复——空命令状态下重复上一次调用的命令，确认——输入命令后进行确认，执行——按下弹出界面上的默认按钮。新增双击编辑各种对象功能。

3.2.1　设置

1. 系统常用参数

系统常用参数包括文件路径设置、显示设置、系统设置、交互设置、文字设置，数据接口设置、智能点设置和文件属性设置等。

用户可以用以下方式调用【选项】命令，设置系统常用参数：

1）单击【工具】主菜单下的【选项】按钮。

2）单击菜单按钮下的【选项】按钮。

3）单击【工具】功能区选项卡【选项】面板的 按钮。

系统【选项】对话框如图 3-2 所示。

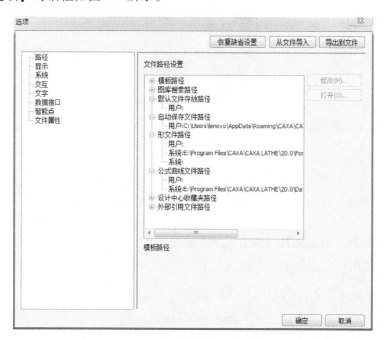

图 3-2　系统【选项】对话框

2. 智能点

CAXA CAM 数控车 2020 提供了多种拾取和捕捉工具，可以提高对象拾取和捕捉效率。

（1）拾取过滤设置　设置拾取图形元素的过滤条件。

用户可以使用以下方式调用【拾取过滤设置】命令：

1）单击【工具】主菜单下的 按钮。

2）单击【设置工具】工具条的 按钮。

3）单击【工具】选项卡【选项】面板的 按钮。

调用【拾取过滤设置】命令后，弹出图 3-3 所示对话框。

图 3-3　【拾取过滤设置】对话框

（2）捕捉设置　设置光标在屏幕上的捕捉方式。捕捉方式包括捕捉和栅格、极轴导航和对象捕捉三种方式。这三种方式可以灵活设置并组合为多种捕捉模式，如自由、智能、栅格和导航等。

用户可以使用以下方式调用【捕捉设置】命令：

1）单击【工具】主菜单下的 按钮。

2）单击【设置工具】工具条上的 按钮。

3）单击【工具】选项卡【选项】面板的 按钮。

4）使用鼠标右键单击状态栏的【捕捉设置】按钮，选择【设置】命令。调用【捕捉设置】命令后，弹出图 3-4 所示对话框。

图 3-4　【智能点工具设置】对话框

（3）三视图导航　此功能是导航方式的扩充，其目的在于方便用户确定投影关系，为绘制三视图或多个视图提供的一种更方便的导航方式。

用户可以使用以下方式调用【三视图导航】命令：

1）单击【工具】主菜单下的【三视图导航】按钮。

2）调用【捕捉设置】命令，在【极轴导航】中打开三视图导航。

3）使用<F7>键。

调用【三视图导航】命令后，分别指定导航线的第一点和第二点，绘图区显示一条45°或135°的黄色导航线。如果此时系统为导航状态，则系统将以此导航线为视图转换线进行三视图导航；如果系统当前已有导航线，选择【三视图导航】命令，将原导航线删除，然后提示再次指定新的导航线，也可以单击鼠标右键将恢复上一次的导航线。

图 3-5 所示为【三视图导航】命令的应用。

（4）点样式　设置屏幕中点的样式与大小。

用户可以使用以下方式调用【点样式】命令：

1）单击【格式】主菜单下的 ◤ 按钮。

2）单击【设置工具】工具条的 ◤ 按钮。

3）单击【工具】选项卡【选项】面板的 ◤ 按钮。

调用【点样式】命令后，弹出图3-6所示对话框。

3. 样式管理

样式管理功能可以集中设置系统的图层、线型、标注样式和文字样式等，并可对全部样式进行管理。用户可以使用以下方式调用【样式管理】命令：

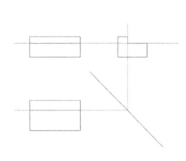

图 3-5 【三视图导航】　　　　　　　　图 3-6 【点样式】对话框

1）单击【格式】主菜单下的 按钮。

2）单击【设置工具】工具条的 按钮。

3）单击【常用】选项卡【特性面板】的 按钮。

调用【样式管理】命令后，弹出图 3-7 所示对话框。

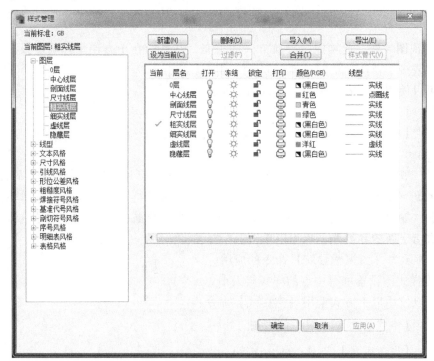

图 3-7 【样式管理】对话框

▶▶ 3.2.2 图形绘制与编辑

1. 绘图功能

CAXA CAM 数控车 2020 将 CAXA CAD 电子图板 2020 嵌合进来，为用户提供丰富的作图方式。其图形绘制功能主要包括基本曲线、高级曲线、块、图片、对象、外部引用等几个部分。

（1）基本曲线　包括直线、多线段、圆、圆弧、曲线、矩形、剖面线、中心线和等距
线等。

（2）高级曲线　由基本元素组成的一些特定的图形或特定的曲线。这些曲线都能满足
绘图设计的某种特殊要求。高级曲线包括样条、点、
公式曲线、椭圆、正多边形、圆弧拟合样条、局部放
大图、波浪线、双折线、箭头、齿轮和孔/轴。基本曲
线与高级曲线工具按钮如图3-8所示。

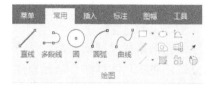

图3-8　基本曲线与高级曲线工具按钮

（3）块　CAXA CAD 电子图板提供了把不同类型
的图形对象组合成块的功能。块是复合形式的图形实
体，是一种应用广泛的图形元素。块功能的主要操作包括创建块、属性定义、插入块、块消
隐、编辑块和在位编辑等。

（4）图片　利用 CAD 软件绘制平面图形时，许多情况下需要插入一些光栅图像（以下
简称图片）与绘制的图形对象结合起来。例如，作为底图、实物参考或用于标识设计。
CAXA CAD 电子图板 2020 可以将图片添加到基于矢量的图形中作为参照，并且可以查看、
编辑和打印。其工具按钮如图3-9所示。

图3-9　块与图片工具按钮

（5）对象　对象链接与嵌入（Object Linking and Embeding，OLE），是 Windows 系统提
供的一种机制，它可以使用户将 Windows 系统中其他应用程序创建的对象（如图片、图表、
文本和表格等）插入到文件中。该功能可以满足用户多方面的需要，能方便快捷地创建形
式多样的文件。有关对象链接与嵌入的主要操作有：插入对象，对象的删除、剪切、复制、
粘贴和选择性粘贴，打开和编辑对象，对象的转换，对象的链接，查看对象的属性等。此
外，使用 CAXA CAD 电子图板 2020 绘制的图形本身也可以作为一个 OLE 对象插入到其他支
持 OLE 的软件中。

（6）外部引用　外部引用是 CAXA CAD 电子图板调用外部对象的一种方式。与并入文
件不同的是，在外部引用对象时，并非将引用数据直接嵌入到当前文件中，而是记录这个外
部引用对象所在的文件。每次读取含有外部引用的图样时，都会相应地去读取该图纸链接到
的引用文件。因此，读取含有外部引用的图样时一定要将对应的引用文件放在这个图样文件
记录的路径下。

2. 编辑功能

对当前图形进行编辑修改，是交互式绘图软件不可缺少的基本功能，它对提高绘图速度
及质量都具有至关重要的作用。为了满足不同用户的需求，CAXA CAD 电子图板提供了功
能齐全、操作灵活且方便的编辑修改功能。

CAXA CAD 电子图板的编辑修改功能包括基本编辑、图形编辑和属性编辑三个方面。

基本编辑主要是一些常用的编辑功能，例如复制、剪切和粘贴等；图形编辑是对各种图形对象进行平移、裁剪和旋转等操作；属性编辑是对各种图形对象进行图层、线型和颜色等属性的修改。

基本绘图功能与编辑功能详见软件帮助。

▶▶ 3.2.3 标注

依据国家相关制图标准，CAXA CAD 电子图板的标注功能提供了丰富而智能的尺寸标注方式，包括尺寸标注、坐标标注、文字标注、工程标注等，并可以方便地对标注进行编辑和修改。另外，CAXA CAD 电子图板提供的各种类型的标注都可以通过相应样式进行参数设置，满足各种条件下的标注需求。【标注】主菜单及工具按钮如图 3-10 所示。

图 3-10 【标注】主菜单及工具按钮

1. 尺寸标注

尺寸标注是向当前图形中的对象添加尺寸标注。尺寸标注包括基本标注、基准标注、连续标注、三点角度标注、角度连续标注、半标注、大圆弧标注、射线标注、锥度标注、曲率半径标注、线性标注、对齐标注、角度标注、弧长标注、半径标注和直径标注。这些标注功能均可以通过调用【尺寸标注】命令并在立即菜单切换选择，也都可以单独执行。

（1）基本标注　自动标注尺寸，可以拾取一个元素或两个元素，根据拾取对象元素的不同，会出现不同的选项。基本标注示例如图 3-11 所示。

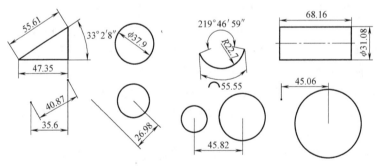

图 3-11 基本标注示例

（2）基准标注　连续标注同一基准下一系列线性尺寸。标注完成时，按<Esc>键退出该命令。基准标注示例如图3-12 所示。

（3）连续标注　如果拾取一个已标注的线性尺寸，则该线性尺寸就作为"连续标注"尺寸中的第一个尺寸，并按

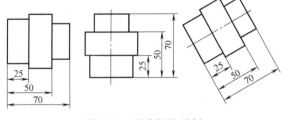

图 3-12 基准标注示例

拾取点的位置确定尺寸基准界线，沿另一方向可标注后续的连续尺寸。连续标注示例如图 3-13 所示。

（4）三点角度标注　通过拾取"顶点""第一点""第二点"三个点，标注第一引出点和顶点的连线与第二引出点和顶点的连线之间夹角的角度值。三点角度标注示例如图 3-14 所示。

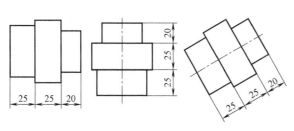

图 3-13　连续标注示例

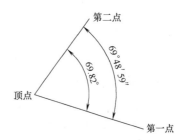

图 3-14　三点角度标注示例

（5）角度连续标注　如果选择标注点，则系统依次提示："拾取第一个标注元素或角度尺寸""起始点""终止点""尺寸线位置""拾取下一个元素""尺寸线位置"，单击鼠标右键，在弹出的快捷菜单中选择【退出】命令确定退出。角度连续标注示例如图 3-15 所示。

（6）半标注　如果两次拾取的都是点，则第一点到第二点距离的 2 倍为尺寸值；如果拾取的为点和直线，则点到直线的垂直距离的 2 倍为尺寸值；如果拾取的是两条平行的直线，则两直线之间距离的 2 倍为尺寸值。尺寸值的测量值在立即菜单中显示，用户也可以输入数值。输入第二个元素后，系统提示："尺寸线位置："。

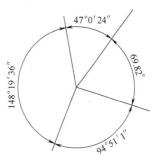

图 3-15　角度连续标注示例

单击并拖动尺寸线，在确定尺寸线位置后，松开鼠标左键即完成标注。在立即菜单中可以选择直径标注、长度标注并给出尺寸线的延伸长度。半标注示例如图 3-16 所示。

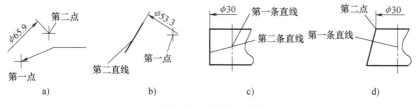

图 3-16　半标注示例

（7）大圆弧标注　拾取圆弧之后，圆弧的尺寸值在立即菜单中显示。用户也可以输入尺寸值。依次指定"第一引出点""第二引出点""定位点"后即完成大圆弧标注。大圆弧标注示例如图 3-17 所示。

（8）射线标注　指定第一点、第二点后，标注第一点与第二点之间的距离，单击并拖动尺寸线，在适当位置指定文字定位点即完成射线标注。射线标注示例如图 3-18 所示。

（9）锥度标注　用来标注直线的锥度或斜度。拾取直线后，在立即菜单中显示默认的尺寸值。用户也可以输入尺寸值。单击并拖动尺寸线，在适当位置输入文字定位点即完成锥度标注。锥度标注示例如图 3-19 所示。

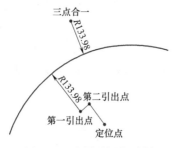

图 3-17　大圆弧标注示例

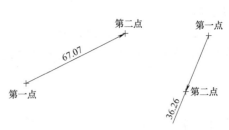

图 3-18　射线标注示例

立即菜单选项说明如下。

1）锥度/斜度：斜度的默认尺寸值为被标注直线相对轴线高度差与直线长度的比值，用 1∶X 表示；锥度的默认尺寸值是斜度的 2 倍。

2）正向/反向：用来调整锥度或斜度符号的方向。

3）加引线/不加引线：控制引线的添加与否。

（10）曲率半径标注　对样条线进行曲率半径的标注。曲率半径标注示例如图 3-20 所示。

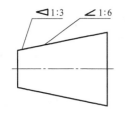

图 3-19　锥度标注示例

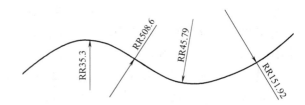

图 3-20　曲率半径标注示例

2. 坐标标注

标注坐标原点，选定点或圆心（孔位）的坐标值尺寸。坐标标注包括原点标注、快速标注、自由标注、对齐标注、孔位标注、引出标注、自动列表和自由孔表。

3. 文字标注

在图样中通常需要添加文字注释表达各种信息，例如说明信息、技术要求等。CAXA CAD 电子图板 2020 的文字标注功能包括文字、引出说明、技术要求等。

4. 工程标注

工程标注包括基准代号、几何公差、表面粗糙度、焊接符号、剖切符号、倒角标注、中心孔标注、圆孔标记、向视符号和标高等。

3.3　数控加工

3.3.1　基本概念

1. 用 CAXA CAM 数控车 2020 实现加工的过程

首先，须配置好机床，这是正确输出代码的关键。其次，看懂图样，用曲线表达工件。然后，根据工件形状，选择合适的加工方式，生成刀位轨迹。最后，生成 G 代码并传输给机床。

2. 轮廓

轮廓是一系列首尾相接曲线的集合，如图 3-21 所示。

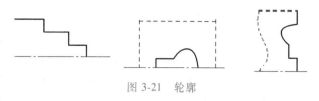

图 3-21　轮廓

在进行数控编程，交互指定待加工图形时，常需要用户指定毛坯的轮廓，用来界定被加工的表面或被加工的毛坯本身。如果毛坯轮廓是用来界定被加工表面的，则要求指定的轮廓是闭合的；如果加工的是毛坯轮廓本身，则毛坯轮廓可以不闭合。

3. 机床参数

数控车床的速度参数包括：主轴转速、接近速度、进给速度和退刀速度，如图 3-22 所示。

1）主轴转速：切削时机床主轴转动的角速度。

2）进给速度：正常切削时刀具行进的线速度（r/mm）。

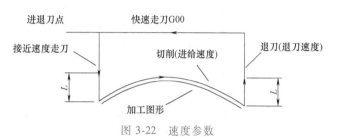

图 3-22　速度参数

3）接近速度：从进刀点到切入工件前刀具行进的线速度，又称进刀速度。

4）退刀速度：刀具离开工件回到退刀位置时刀具行进的线速度。

这些速度参数的给定一般依赖于用户的经验，原则上讲，它们与机床本身、工件材料、刀具材料、工件的加工精度和表面质量要求等相关。速度参数与加工效率密切相关。

4. 刀具轨迹和刀位点

刀具轨迹是系统按给定工艺要求生成的对给定加工图形进行切削时刀具行进的路线，如图 3-23 所示。系统以图形方式显示。刀具轨迹由一系列有序的刀位点和连接这些刀位点的直线（直线插补）或圆弧（圆弧插补）组成。CAXA

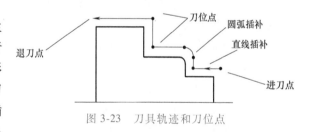

图 3-23　刀具轨迹和刀位点

CAM 数控车 2020 的刀具轨迹是按刀尖位置来显示的。

5. 加工余量

车削加工是一个去余量的过程，即从毛坯开始逐步除去多余的材料，以得到符合尺寸要求的零件。这种过程往往由粗加工和精加工构成，必要时还需要进行半精加工，即须经过多道工序的加工。通常情况下，在上一道工序中需要给下一道工序留下一定的加工余量。

6. 加工误差

刀具轨迹和实际加工模型的偏差即加工误差。用户可通过控制加工误差来控制加工的精度。

用户给出的加工误差是刀具轨迹同加工模型之间的极限偏差，系统保证刀具轨迹与实际加工模型之间的偏离不大于加工误差。用户应根据实际工艺要求给定加工误差，例如在进行粗加工时，加工误差可以较大，否则加工效率会受到不必要的影响；在进行精加工时，须根据表面要求等给定加工误差。

在两轴加工中，对于直线和圆弧的加工不存在加工误差，加工误差指对样条线进行加工时用折线段逼近样条时的误差，如图 3-24 所示。

7. 加工干涉

切削被加工表面时，如果刀具切到了不应该切的部分，称为干涉现象，或者叫作过切。

在 CAXA CAM 数控车 2020 中，干涉分为以下两种情况：被加工表面中存在刀具切削不到的部分时存在的过切现象；切削时，刀具与未加工表面存在的过切现象。

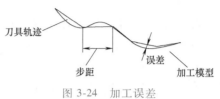

图 3-24   加工误差

8. 创建刀库

创建刀库功能用于定义、确定刀具的有关数据，以便于用户从刀具库中获取刀具信息和对刀具库进行维护。创建刀具功能包括轮廓车刀、切槽车刀、螺纹车刀、立铣刀、圆角铣刀、球头铣刀和钻头等刀具类型的管理。

由于 CAXA CAM 数控车 2020 刀具库中的各种刀具只是同一类刀具的抽象描述，并不符合国家相关标准或其他标准的要求库，所以只列出了对轨迹生成有影响的部分参数，其他与具体加工工艺相关的刀具参数并未列出。例如，将各种外轮廓、内轮廓和端面粗精车刀均归为轮廓车刀，对轨迹生成没有影响。

9. 管理树

管理树是 CAXA CAM 数控车 2020 新增的一项功能，它以树形图的形式直观地展示了当前文档的刀具、轨迹和代码等信息，并提供了很多"树上"的操作功能，便于用户执行各项与数控车相关的命令。善用管理树，将大大提高使用 CAXA CAM 数控车 2020 的效率。

管理树框体在默认情况下位于绘图区的左侧，用户可以自由拖动它到喜欢的位置，也可以将其隐藏起来。管理树有一个【加工】总节点，总节点下有【刀库】【轨迹】【代码】三个子节点，分别用于显示和管理刀具信息、轨迹信息和 G 代码信息。

在管理树空白位置或【加工】节点上单击鼠标右键，可以弹出图 3-25 所示的右键菜单，菜单中包含了主菜单中数控车子菜单下的所有命令。用户可以通过这种方法快捷地调用这些命令。

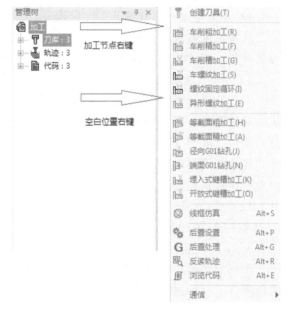

图 3-25   管理树

3.3.2   二轴加工

CAXA CAM 数控车 2020 提供二轴加工功能，包括车削粗加工、车削精加工、车削槽加工、车螺纹加工等。二轴加工工具按钮如图 3-26 所示。

1. 车削粗加工

该功能用于实现对工件外轮廓表面、内轮廓表面和端面的粗车加工，用来快速去除毛坯的多余部分。进行轮廓粗加工时要确定被加工轮廓和毛坯轮廓，被加工轮廓就是加工结束后的工件表面轮廓，毛坯轮廓就是加工前毛坯的表面轮廓。被加工轮廓和毛坯轮廓两端点相连，两轮廓共同构成一个封闭的加工区域，在此区域的材料将被去除。被加工轮廓和毛坯轮廓不能单独闭合或自相交。

例 3-1　完成图 3-27 所示轮廓粗加工，相关参数设置如图 3-28 所示。

图 3-26　二轴加工工具按钮

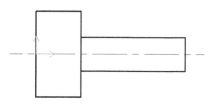

图 3-27　轮廓粗加工零件图

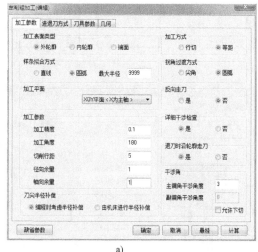

a)

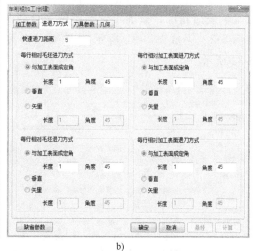

b)

c)

d)

图 3-28　轮廓粗加工参数设置

确定参数后，拾取轮廓曲线 L1、L2、L3，拾取毛坯轮廓曲线 L4、L5、L6，如图 3-29 所示，生成的加工轨迹如图 3-30 所示。

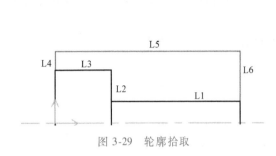

图 3-29 轮廓拾取

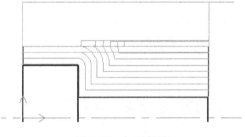

图 3-30 加工轨迹

2. 车削槽加工

该功能用于在工件外轮廓表面、内轮廓表面和端面车槽。车槽时要确定被加工轮廓，被加工轮廓就是加工结束后的工件表面轮廓，被加工轮廓不能闭合或自相交。

例 3-2 完成图 3-31 所示槽加工，相关参数设置如图 3-32 所示。

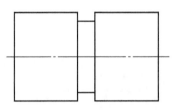

图 3-31 槽加工零件图

a)

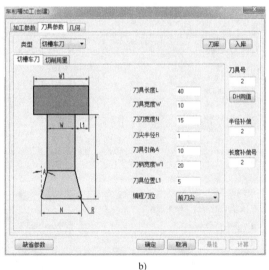

b)

图 3-32 车削槽加工参数设置

确定参数后拾取轮廓曲线，此时可使用系统提供的轮廓拾取工具拾取图 3-33 所示图线（拾取方法与粗车加工相同，图中槽轮廓从 L1 至 L2），槽加工轨迹如图 3-34 所示。

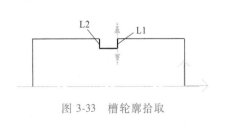

图 3-33 槽轮廓拾取

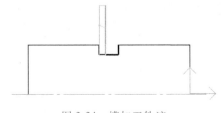

图 3-34 槽加工轨迹

3. 车螺纹加工

该功能以非固定循环方式加工螺纹，可对螺纹加工中的各种工艺条件和加工方式进行更灵活的控制。

例 3-3 完成图 3-35 所示螺纹的加工，相关参数设置如图 3-36 所示。

在拾取螺纹起终点时必须考虑螺纹的引入长度和超越长度。图 3-37 所示的螺纹起点和终点分别为点 1 和点 2。螺纹加工轨迹如图 3-38 所示。

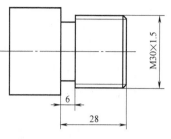

图 3-35　螺纹加工零件图

a)

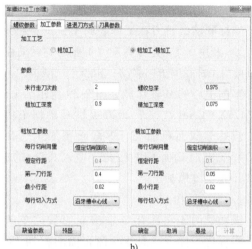

b)

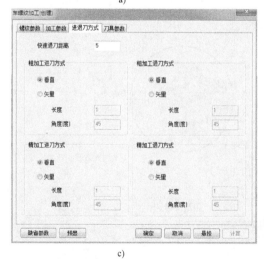

c)

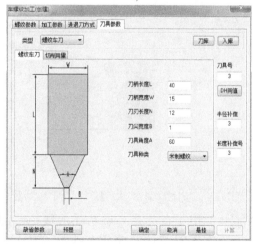

d)

图 3-36　车螺纹加工参数设置

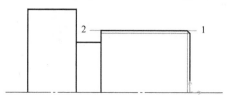

图 3-37　设置螺纹起点和终点

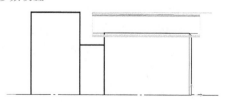

图 3-38　螺纹加工轨迹

3.3.3 车削中心的 C 轴加工

车削中心是一种以车削加工模式为主，添加铣削动力刀头后又可进行铣削加工模式的车铣合一的切削加工机床。车削中心附加动力刀架和主轴分度机构，因此除车削外，还可以在零件内外表面和端面上铣平面、凸轮、键槽、螺旋槽或进行钻、铰、攻丝等加工。

使用车削中心进行加工时，工件一次安装几乎能完成所有表面的加工。在车削中心上对工件的加工一般有三种情况：

1）主轴分度定位后固定，对工件进行钻、铣、攻丝等加工。

2）主轴运动作为一个控制轴（即 C 轴），C 轴运动与 X 轴、Z 轴运动合成为进给运动，即三坐标联动，铣刀在工件表面上铣削各种形状的沟槽、凸台、平面等。

3）利用 Y 轴功能，X 轴、Y 轴协调运动控制刀具沿工件径向方向移动，相当于铣削加工。

车削中心的 C 轴功能如图 3-39 所示。

CAXA CAM 数控车 2020 提供 C 轴加工功能，包括等截面粗加工、等截面精加工、径向 G01 钻孔、端面 G01 钻孔、埋入式键槽加工和开放式键槽加工。

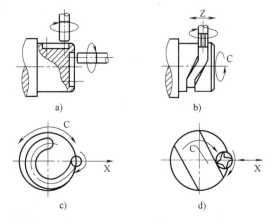

图 3-39   C 轴功能

1. 等截面粗加工

该功能用于在具有 C 轴功能的数控车床上，实现对工件等截面外轮廓表面的粗加工，如图 3-40 所示。

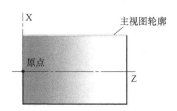

图 3-40   等截面粗加工

2. 径向 G01 钻孔

该功能用于在具有 C 轴功能的数控车床上，实现对工件径向分布孔的 G01钻削加工，如图 3-41 所示。

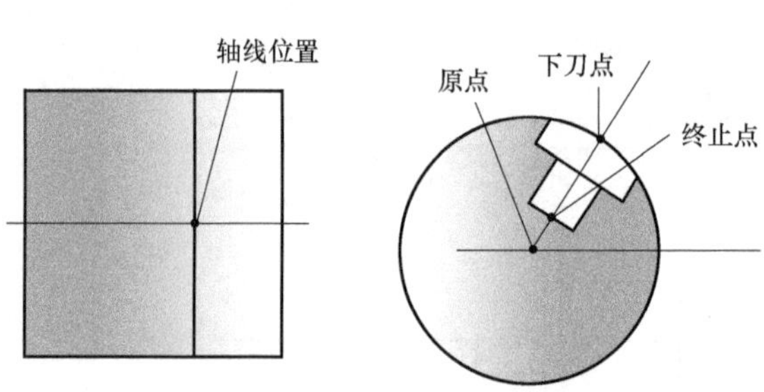

3. 端面 G01 钻孔

该功能用于在具有 C 轴功能的数控车床上，实现对工件径向分布孔的 G01钻削加工，如图 3-42 所示。

图 3-41   径向 G01 钻孔

4. 埋入式键槽加工

该功能用于在具有 C 轴功能的数控车床上，实现对工件径向分布封闭式槽形轮廓的铣

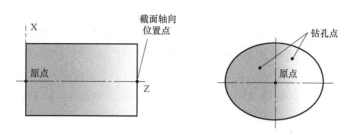

图 3-42　端面 G01 钻孔

削加工，如图 3-43 所示。

5. 开放式键槽加工

该功能用于在具有 C 轴功能的数控车床上，实现对工件径向分布开放式槽形轮廓的铣削加工，如图 3-44 所示。

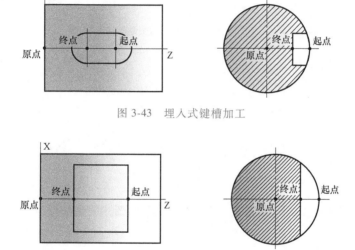

图 3-43　埋入式键槽加工

图 3-44　开放式键槽加工

相关加工策略的参数设置、轨迹生成和仿真结果见 3.3.5 应用案例。

3.3.4　轨迹仿真及后置处理

CAXA CAM 数控车 2020 提供线框仿真、后置设置、后置处理、反读轨迹和浏览代码等功能。

1. 线框仿真

该功能是对已有的加工轨迹进行加工过程模拟，以检查加工轨迹的正确性。对系统生成的加工轨迹，仿真时用生成轨迹时的加工参数，即轨迹中记录的参数；对从外部反读进来的刀位轨迹，仿真时用系统当前的加工参数。

CAXA CAM 数控车 2020 的轨迹仿真为线框模式，仿真时可调节速度条来控制仿真的速度，仿真时模拟动态的切削过程，不保留刀具在每一个切削位置的图像。

2. 后置处理

后置处理就是按照当前机床类型的配置要求，把已经生成的加工轨迹转化生成 G 代码数据文件，即数控程序，有了数控程序就可以直接输入机床进行数控加工。

在【数控车】主菜单中单击【后置处理】按钮，弹出图 3-45 所示【后置处理】对话框，选择生成数控程序所适用的数控系统和机床系统信息；拾取加工轨迹，单击【后置】按钮即可弹出【代码编辑】对话框，如图 3-46 所示；在【编辑代码】对话框中，可以手动修改代码，设定代码文件名称与文件后缀，并保存代码，右侧的【备注】框中可以看到轨迹与代码的相关信息。

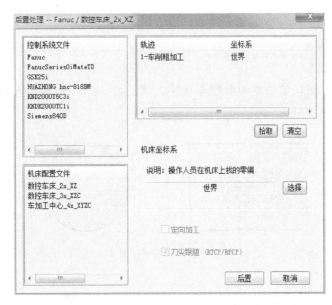

图 3-45　【后置处理】对话框

图 3-46　【编辑代码】对话框

3. 反读轨迹

反读轨迹就是把生成的 G 代码文件反读进来，生成刀具轨迹，以检查生成的 G 代码的正确性。如果反读的刀位文件中包含圆弧插补，则需要用户指定相应的圆弧插补格式，否则可能得到错误的结果。若后置文件中的坐标输出格式为整数，且机床分辨率不为 1 时，反读的结果是不对的，亦即系统不能读取坐标格式为整数且分辨率为非 1 的情况。

反读轨迹时需要注意以下几点：

1）刀位校核只用来对 G 代码的正确性进行检验，由于精度等方面的原因，用户应避免将反读出的刀位重新输出，因为系统无法保证其精度。

2）验证刀具轨迹时，如果存在圆弧插补，则系统要求选择圆心坐标的编程方式。其含义可参考后置设置中的说明。用户应正确选择对应的形式，否则会导致错误。

3.3.5　应用案例：工程图绘制

绘制图 3-47 所示图形，并添加图框和标题栏。

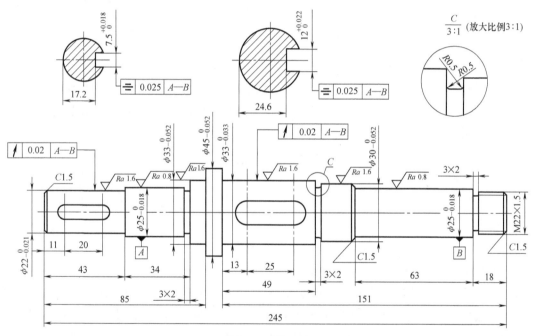

图 3-47　传动轴

1. 画出各段轴端面基准线

选择图层为中心线层，单击【常用】主菜单中的【直线】按钮 ，设置【两点线】→【单根】，以坐标原点为起点 1，画出直线 12；单击【等距线】按钮 等距线 ，按照各段轴的长度尺寸，等距得到各段轴的基准线，进而得到各段轴的起始位置和终止位置的中点，如图 3-48 所示。

2. 绘制各段轴轮廓线

单击【孔/轴】按钮 孔/轴 ，设置【轴】→【直接给出角度】→【中心线角度 0】，按照页面左下角提示"插入点"，单击轴起始中心点，按提示输入直径值，再单击此段轴的终端

图 3-48　绘制各段轴的中点

中心点，画出第一段轴，依照此方法继续画出各段轴（注：圆柱轴可只填写起始直径值即可），如图 3-49 所示。删除各段轴基准线。

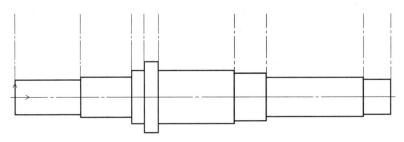

图 3-49　绘制各段轴轮廓线

3. 绘制倒角

单击【过渡：倒角】按钮 ◢ 过渡:倒角，设置【长度和角度方式】→【裁剪】→【长度：1.5】→【角度：45】。按照页面左下角提示，分别拾取倒角的第一条和第二条直线，得到倒角，结果如图 3-50 所示。

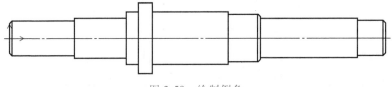

图 3-50　绘制倒角

4. 完成传动轴其他轮廓结构的绘制

绘制剖面图时，先绘制中心线，再绘制整圆，通过【等距线】命令绘制键槽轮廓。绘制砂轮越层槽放大图时，单击【局部放大】按钮 🔍 局部放大，设置【圆形边界】→【加引线】→【放大倍数：3】→【符号：C】，按照页面左下角提示，点选局部放大中心点，拖动鼠标显示局部圆形边界范围的大小，单击确定；再拖动鼠标选择符号标示位置，单击确定；这时出现局部放大图形随着鼠标移动，点选局部放大图位置点后，如果不需要改变转角，直接单击鼠标右键后，便绘出局部放大图形；再点选放大图说明位置后，完成局部放大图的绘制，如图 3-51 所示。

5. 标注尺寸及公差

（1）标注直径尺寸　单击【尺寸标注】按钮 尺寸标注(S)，设置【基本标注】→【直径】，拾取左端轴的直径轮廓线，拖动尺寸线至合适位置，单击鼠标右键，弹出【尺寸标注属性设置】对话框，如图 3-52 所示，输入完成后单击【确定】按钮，得到直径尺寸及极限偏差的标注。直径尺寸标注结果如图 3-53 所示。

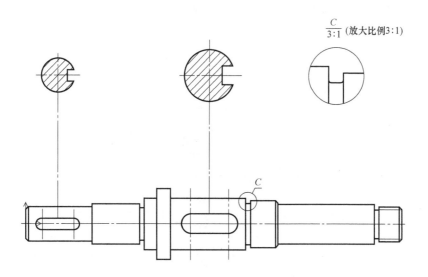

图 3-51 完成传动轴轮廓线和局部放大图的绘制

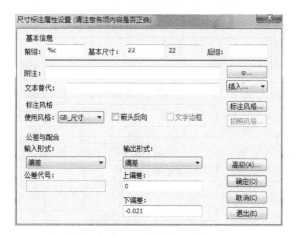

图 3-52 【尺寸标注属性设置】对话框

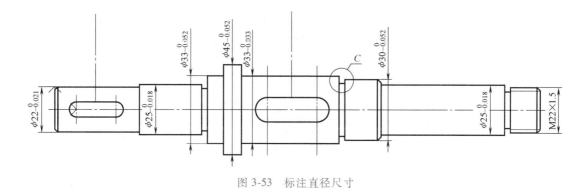

图 3-53 标注直径尺寸

（2）标注轴向尺寸 单击【尺寸标注】按钮 尺寸标注(S)，设置【基准标注】→【长度】，拾取轴线尺寸的起点和终点，自动标注出轴向尺寸。选择某个尺寸，单击鼠标右键，在弹出的立即菜单中选择【标注编辑】命令，便可改变尺寸标注的位置。轴向尺寸标注结果如图 3-54 所示。

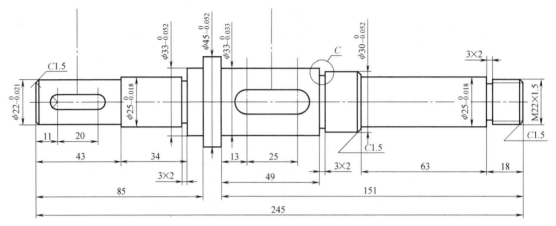

图 3-54　标注轴向尺寸

（3）标注几何公差　单击【基准代号】按钮，设置【基准标注】→【给定基准】→【默认方式】→【基准名称：A】，拾取基准直线，拖动鼠标将符号位置摆正，单击确定，得到基准代号 A 的标注

单击【形位公差】按钮，弹出【形位公差】对话框，输入完成后单击【确定】按钮，如图 3-55 所示。确定标注点和指引线拐点，将符号移至合适位置，单击确定，则完成几何公差的标注。

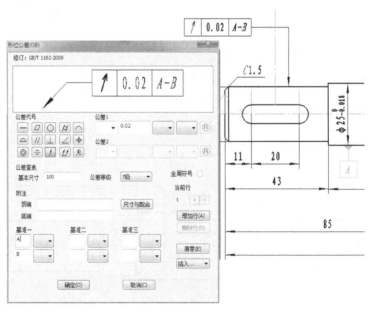

图 3-55　标注几何公差

（4）标注表面粗糙度　单击【粗糙度】按钮，设置【简单标注】→【默认方式】→【去除材料】→【数值：1.6】，单击标注点，确定符号位置后单击确认设置。

6. 选择图纸幅面并调入标题栏

单击【图幅】主菜单中的【图幅设置】按钮 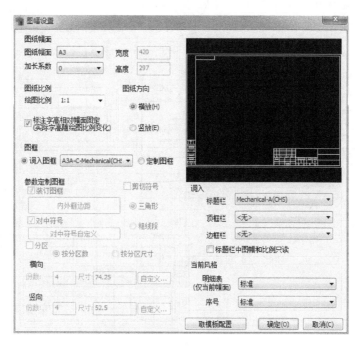，弹出【图幅设置】对话框，如图 3-56 所示。完成各项参数的设置后单击【确定】按钮。

图 3-56 【图幅设置】对话框

选择图框，单击鼠标右键，显示图 3-57 所示快捷菜单，在快捷菜单中选择【平移】命令，移动图形到合适位置后，使图形布局合理。选择标题栏，单击鼠标右键，显示图 3-58 所示快捷菜单，在快捷菜单中选择【填写标题栏】命令，完成标题栏的填写。

传动轴零件图绘制结果如图 3-59 所示。

图 3-57 图框快捷菜单

图 3-58 标题栏快捷菜单

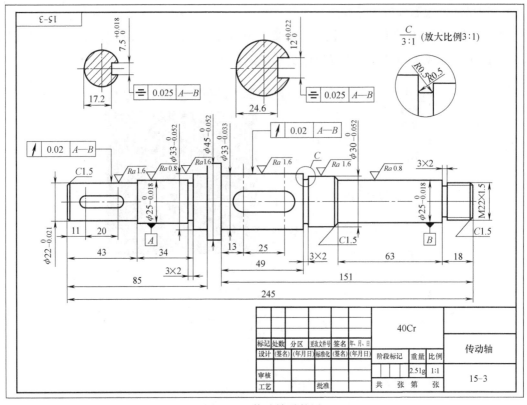

图 3-59　传动轴零件图

▶▶ 3.3.6　应用案例：连接轴零件加工

根据图 3-60 所示尺寸，完成连接轴零件加工。

1. 案例分析

连接轴为回转体零件，有螺纹、退刀槽、外圆等工艺特征，材料主要为铝合金。根据零件工艺要求，可分别采用车削粗加工、车削精加工、车削槽加工和车螺纹加工等工艺方法进行加工，具体工艺方案见表 3-1。

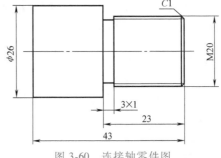

图 3-60　连接轴零件图

应用案例：
连接轴
零件加工

表 3-1　连接轴加工工艺方案

序号	加工方式	刀具号	刀具类型	主轴转速 /（r/min）	进给速度 /（mm/min）
1	车削粗加工	1	轮廓车刀	600	100
2	车削精加工	2	轮廓车刀	1000	250
3	车削槽加工	3	切槽车刀	600	80
4	车螺纹加工	4	螺纹车刀	500	50

2. 加工步骤

1）根据连接轴零件相关尺寸，利用【常用】主菜单中的工具按钮完成零件轮廓图的绘制，保证坐标原点落在连接轴右端面的中心上，结果如图 3-61 所示。

2）绘制零件的毛坯轮廓线，并保证线 1、线 2、线 3、线 4 为单根线条，结果如图 3-62 所示。

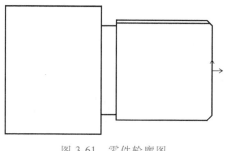

图 3-61　零件轮廓图

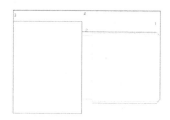

图 3-62　绘制毛坯轮廓

3）在【数控车】主菜单中单击【车削粗加工】按钮 ，对车削粗加工相关参数进行设置。在【加工参数】选项卡中对加工表面类型、加工方式、拐角过渡方式、反向走刀、刀尖半径补偿等参数进行设置，结果如图 3-63 所示；在【进退刀方式】选项卡中对快速退刀距离、每行相对毛坯退刀方式和每行相对加工表面退刀方式参数等进行设置，如图 3-64 所示；在【刀具参数】选项卡中主要对【轮廓车刀】规格尺寸进行设置，如图 3-65 所示；在图 3-66 所示【几何】选项卡中，单击【轮廓曲线】按钮，选择加工轮廓的线条，如图 3-67 所示；单击【毛坯轮廓曲线】按钮，拾取毛坯轮廓线条，如图 3-68 所示；单击【进退刀点】按钮，拾取靠近毛坯轮廓右上方的十字点。生成的车削粗加工轨迹结果如图 3-69 所示。

图 3-63　【加工参数】选项卡

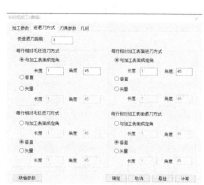

图 3-64　【进退刀方式】选项卡

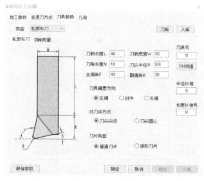

图 3-65　【刀具参数】选项卡

图 3-66　【几何】选项卡

143

图 3-67 【轮廓曲线】　　图 3-68 【毛坯轮廓曲线】　　图 3-69 车削粗加工轨迹
　　拾取结果　　　　　　　　拾取结果

4）选取车削粗车加工轨迹，单击鼠标右键，选择【隐藏】命令。

5）在【数控车】主菜单中单击【车削精加工】按钮 ，对车削精加工相关参数进行设置。在【加工参数】选项卡中对加工表面类型、拐角过渡方式、加工参数、反向走刀等参数进行设置，结果如图 3-70 所示；在【进退刀方式】选项卡中对快速退刀距离和每行相对加工表面退刀方式等参数进行设置，如图 3-71 所示；在【刀具参数】选项卡中主要对【轮廓车刀】规格尺寸进行设置，如图 3-72 所示；在图 3-73 所示【几何】选项卡中，单击【轮廓曲线】按钮，选择加工轮廓的线条，如图 3-74 所示；单击【进退刀点】按钮，拾取靠近毛坯轮廓右上方的十字点。生成的车削精加工轨迹结果如图 3-75 所示。

图 3-70 【加工参数】选项卡

图 3-71 【进退刀方式】选项卡

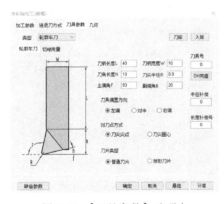

图 3-72 【刀具参数】选项卡

图 3-73 【几何】选项卡

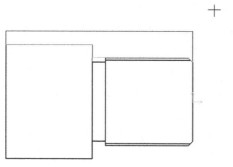

图 3-74　【轮廓曲线】拾取结果

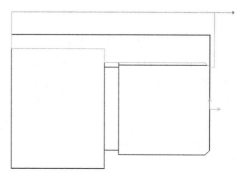

图 3-75　车削精加工轨迹

6) 选取车削精加工轨迹，单击鼠标右键，选择【隐藏】命令。

7) 在【数控车】主菜单中单击  【车削槽加工】按钮，对车削槽加工相关参数进行设置。在【加工参数】选项卡中对切槽表面类型、加工工艺类型、加工方向、精加工参数、刀具半径补偿等参数进行设置，结果如图 3-76 所示；在【刀具参数】选项卡中主要对切槽车刀规格尺寸进行设置，如图 3-77 所示；在图 3-78 所示【几何】选项卡中，单击【轮廓曲线】按钮，选择加工轮廓的三根线条，如图 3-79 所示；单击【进退刀点】按钮，拾取靠近毛坯轮廓右上方的十字点，生成的车削槽加工轨迹结果如图 3-80 所示。

图 3-76　【加工参数】选项卡

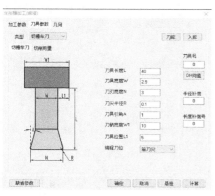

图 3-77　【刀具参数】选项卡

图 3-78　【几何】选项卡

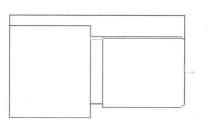

图 3-79　【轮廓曲线】拾取结果

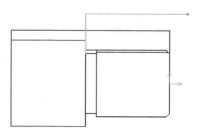

图 3-80　车削槽加工轨迹

8）选取车削槽加工轨迹，单击鼠标右键，选择【隐藏】命令。

9）在【数控车】主菜单中单击【车螺纹加工】按钮 ，对车螺纹加工相关参数进行设置。在【螺纹参数】选项卡中对螺纹类型、螺纹起点 \ 终点 \ 进退刀点、螺纹牙高、螺纹头数等参数进行设置和选取，结果如图 3-81 所示；在【加工参数】选项卡中对加工工艺、参数、粗加工参数等参数进行设置，结果如图 3-82 所示；在【进退刀方式】选项卡中对粗加工进刀方式和粗加工退刀方式等参数进行设置，如图 3-83 所示；在【刀具参数】选项卡中主要对螺纹车刀规格尺寸进行设置，如图 3-84 所示，生成的车螺纹加工轨迹结果如图 3-85 所示。

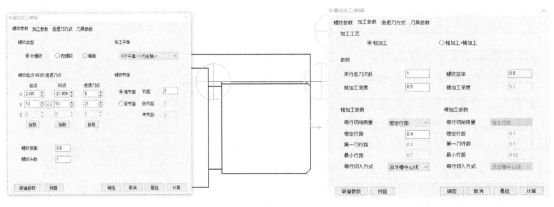

图 3-81　【螺纹参数】选项卡　　　　　　　图 3-82　【加工参数】选项卡

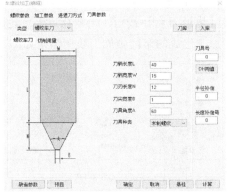

图 3-83　【进退刀方式】选项卡　　　　　　图 3-84　【刀具参数】选项卡

10）选取管理树中所有加工轨迹，单击鼠标右键，选择【显示】命令，结果如图 3-86 所示。

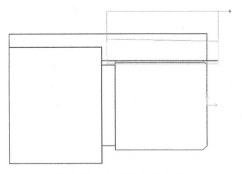

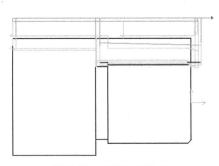

图 3-85　车螺纹加工轨迹　　　　　　　　图 3-86　车削加工轨迹

▶▶ 3.3.7　应用案例：异形轴零件加工

根据图 3-87 所示尺寸，完成异形轴零件加工。

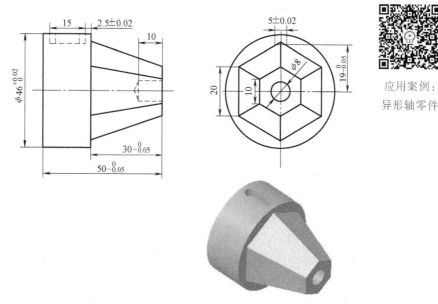

应用案例：
异形轴零件

图 3-87　异形轴零件图

1. 案例分析

异形轴为回转体零件，包括内孔、凹槽、外圆等工艺特征，材料为铝合金。根据零件工艺要求，可分别采用等截面粗加工、等截面精加工、端面钻孔和埋入式键槽加工等工艺方法进行加工，具体工艺方案见表 3-2。

表 3-2　异形轴加工工艺方案

序号	加工方式	刀具号	刀具类型	主轴转速 /(r/min)	进给速度 /(mm/min)
1	等截面粗加工	1	立铣刀	1600	150
2	等截面精加工	2	球头铣刀	2000	260
3	端面钻孔加工	3	钻头	360	50
4	埋入式键槽加工	4	立铣刀	1000	100

2. 加工步骤

1）根据异形轴零件相关尺寸，利用【常用】主菜单中的工具按钮完成零件图的绘制，保证坐标原点落在零件主视图右端面的中心上，结果如图 3-88 所示。

2）在【数控车】主菜单中单击【等截面粗加工】按钮 ![按钮]，对等截面粗加工相关参数进行设置。在【加工参数】选项卡中对加工参数、加工方式、样条拟合方式、拐角过

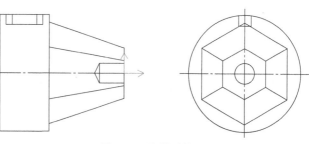

图 3-88　绘制零件图

渡方式等参数进行设置，结果如图 3-89 所示；在【刀具参数】选项卡中主要对立铣刀规格尺寸进行设置，如图 3-90 所示；在图 3-91 所示【几何】选项卡中，单击【原点】选项区域和【起点】选项区域下方的【拾取】按键，在左视图中分别选择圆心和棱边中心，如图 3-92 所示；单击【轮廓线-左视图】选项区域右侧的【拾取】按钮，拾取图 3-93 所示轮廓线；单击【轮廓线-主视图】选项区域右侧的【拾取】按钮，拾取图 3-94 所示轮廓线，生成的等截面粗加工轨迹结果如图 3-95 所示。

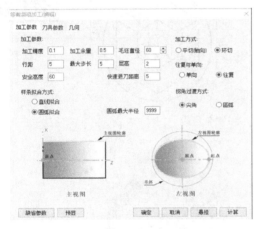

图 3-89 【加工参数】选项卡

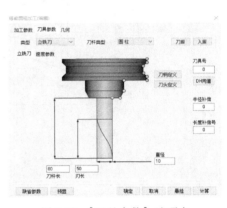

图 3-90 【刀具参数】选项卡

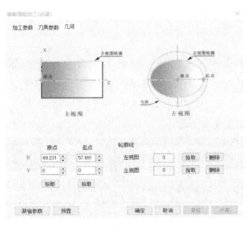

图 3-91 【几何】选项卡

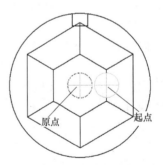

图 3-92 拾取【原点】和【起点】

图 3-93 左视图轮廓线

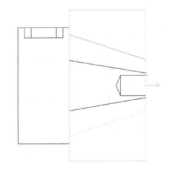

图 3-94 主视图轮廓线

3）选取等截面粗加工轨迹，单击鼠标右键，选择【隐藏】命令。

4）在【数控车】主菜单中单击【等截面精加工】按钮，对等截面精加工相关参数进行设置。在【加工参数】选项卡中对加工参数、加工方式、样条拟合方式、拐角过渡方式等参数进行设置，结果如图 3-96 所示；在【刀具参数】选项卡中主要对球头铣刀规格尺寸进行设置，如图 3-97 所示；在图 3-98 所示【几何】选项卡中，单击【原点】选项区域和【起点】选项区域下方的【拾取】按钮，在左视图中分别选择圆心和棱边中心，如图 3-99 所示；单击【轮廓线-左视图】选项区域右侧的【拾取】按钮，拾取图 3-100 所示红色线条轮廓线；单击【轮廓线-主视图】选项区域右侧的【拾取】按钮，拾取图 3-101 所示红色线条轮廓线。生成的等截面精加工轨迹结果如图 3-102 所示。

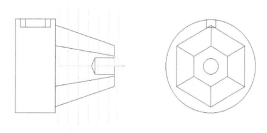

图 3-95　等截面粗加工轨迹

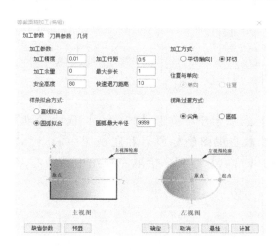

图 3-96　【加工参数】选项卡

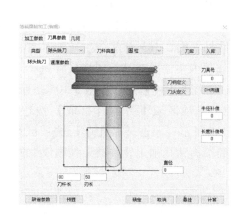

图 3-97　【刀具参数】选项卡

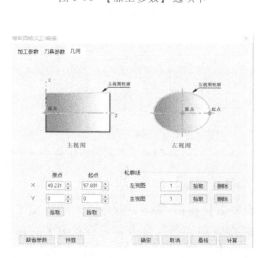

图 3-98　【几何】选项卡

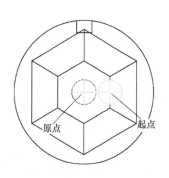

图 3-99　拾取【原点】和【起点】

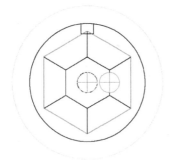

图 3-100　左视图轮廓线

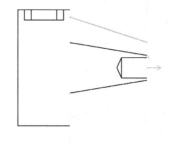

图 3-101　主视图轮廓线

5）选取等截面精加工轨迹，单击鼠标右键，选择【隐藏】命令。

6）在【数控车】主菜单中单击【端面 G01 钻孔】 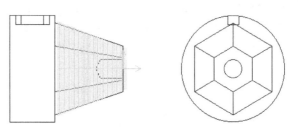，对端面钻孔加工相关参数进行设置。在【加工参数】选项卡中对钻孔参数和钻孔方式进行设置，结果如图 3-103 所示；在【刀具参数】选项卡中主要对钻头规格尺寸进行

图 3-102　等截面精加工轨迹

设置，如图 3-104 所示；在图 3-105 所示【几何】选项卡中，单击【轴位点】选项区域和【原点】选项区域下方的【拾取】按钮，分别拾取主视图坐标原点和左视图中心点，如图 3-106 所示；单击【钻孔点】选项区域右侧的【拾取】按钮，拾取左视图中孔中心点。生成的端面钻孔加工轨迹结果如图 3-107 所示。

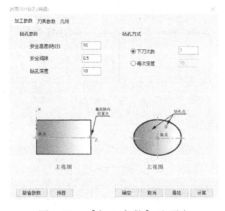

图 3-103　【加工参数】选项卡

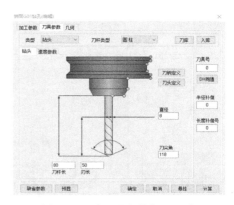

图 3-104　【刀具参数】选项卡

7）选取端面钻孔加工轨迹，单击鼠标右键，选择【隐藏】命令。

8）在【数控车】主菜单中单击【埋入式键槽加工】按钮 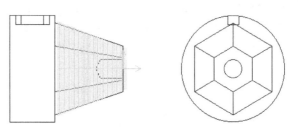，对埋入式键槽加工相关参数进行设置。在【加工参数】选项卡中对加工参数和样条拟合方式进行设定，结果如图 3-108 示；在【刀具参数】选项卡中主要对立铣刀规格尺寸进行设置，如图 3-109 所示；在图 3-110 所示【几何】选项卡中，单击【轴向起点】选项区域和【轴向终点】选项区域

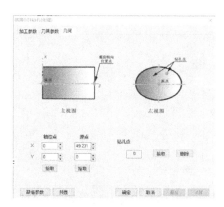

图 3-105　【几何】选项卡

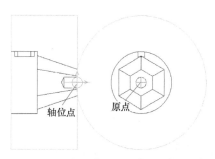

图 3-106　拾取【轴位点】和【原点】

下方的【拾取】按钮，在主视图中分别选择键槽两端点，如图 3-111 所示；单击【原点】选项区域、【起点】选项区域和【终点】选项区域下方的【拾取】按钮，分别拾取左视图中相关点，如图 3-112 所示。生成的埋入式键槽加工轨迹结果如图 3-113 所示。

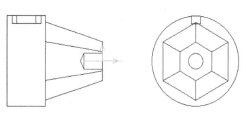

图 3-107　端面钻孔加工轨迹

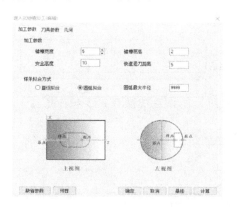

图 3-108　【加工参数】选项卡

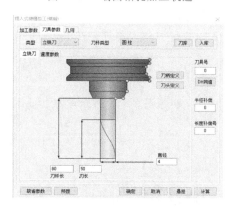

图 3-109　【刀具参数】选项卡

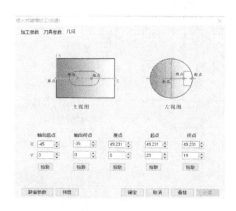

图 3-110　【几何】选项卡

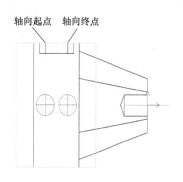

图 3-111　拾取【轴向起点】和【轴向终点】

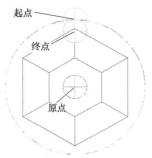

图 3-112　拾取【原点】【起点】【终点】

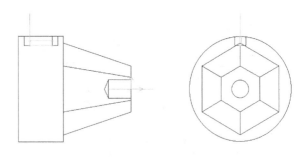

图 3-113　埋入式键槽加工轨迹

9）选取管理树中所有加工轨迹，单击鼠标右键，选择【显示】命令，结果如图 3-114 所示。

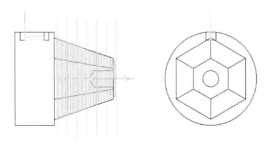

图 3-114　加工轨迹

思考与练习题

3.1　绘制图 3-115 所示车床输出轴零件的二维图，选择图纸幅面并添加标题栏。

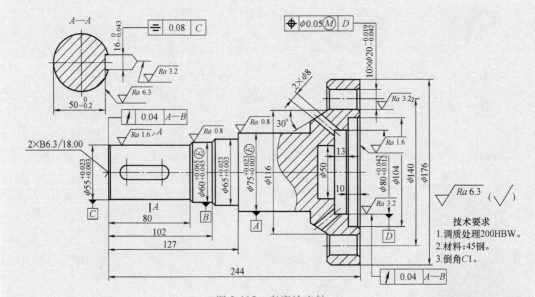

图 3-115　车床输出轴

3.2　按照图3-116所示轴零件的尺寸公差要求，完成零件的粗加工和精加工轨迹的生成并进行轨迹仿真，生成G代码。

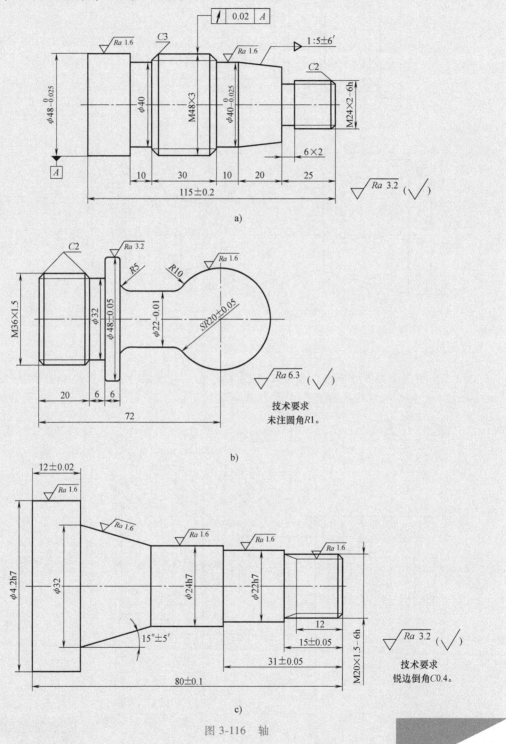

图 3-116　轴

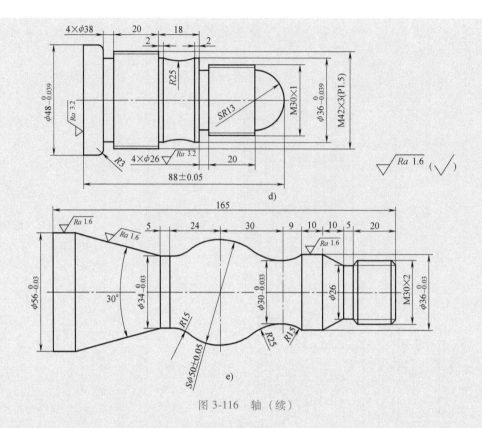

图 3-116　轴（续）

3.3　按照图 3-117 所示轴套零件尺寸公差要求，完成零件外、内轮廓的粗加工和精加工轨迹的生成并进行轨迹仿真，生成 G 代码。

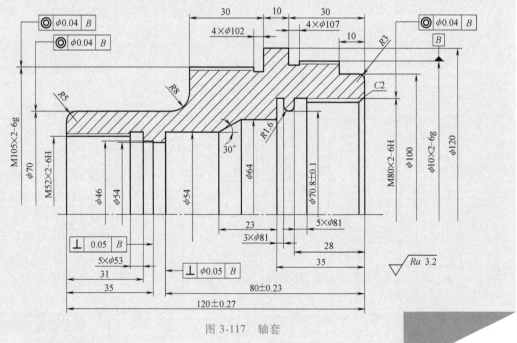

图 3-117　轴套

3.4　按照图 3-118 所示端盖零件尺寸公差要求，完成零件的粗加工和精加工轨迹的生成并进行轨迹仿真，生成 G 代码。

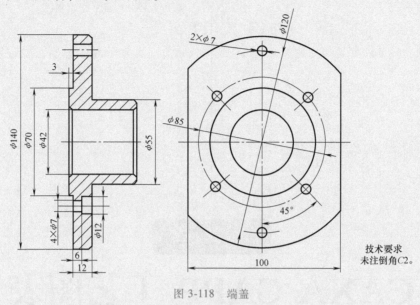

图 3-118　端盖

技术要求
未注倒角C2。

3.5　按照图 3-119 所示法兰盘尺寸公差要求，完成零件的粗加工和精加工轨迹的生成并进行轨迹仿真，生成 G 代码。

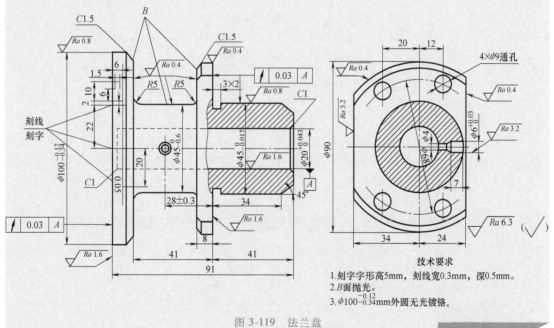

图 3-119　法兰盘

技术要求
1.刻字字形高5mm，刻线宽0.3mm，深0.5mm。
2.B面抛光。
3.$\phi100_{-0.34}^{-0.12}$mm外圆无光镀铬。

第 4 章

CAXA CAPP 工艺图表

4.1　软件概述

CAXA CAPP 工艺图表是高效、快捷且有效的工艺卡片编制软件，可以方便地引用设计的图形和数据，同时为生产制造准备各种需要的管理信息。CAXA CAPP 工艺图表以工艺规程为基础，针对工艺编制工作具有的烦琐和复杂的特点，以"知识重用和知识再用"为思路，为用户提供了多种实用、方便的快速填写和绘图手段，可以兼容多种 CAD 数据，真正做到"所见即所得"的操作方式，符合工艺人员的工作思维和操作习惯。它提供了大量的工艺卡片模板和工艺规程模板，可以帮助技术人员提高工作效率，缩短产品的设计和生产周期，把技术人员从繁重的手工劳动中解脱出来，并有助于促进产品设计和生产的标准化、系列化和通用化。CAXA CAPP 工艺图表适合于制造业中所有需要工艺卡片的场合，例如机械加工工艺、冷冲压工艺、热处理工艺、锻造工艺、压力铸造工艺、表面处理工艺、电器装配工艺以及质量跟踪卡、施工记录票等。利用 CAXA CAPP 工艺图表提供的大量标准模板，可以直接生成工艺卡片，用户也可以根据需要定制工艺卡片和工艺规程。

CAXA CAPP 工艺图表 2020 是 CAXA 工艺解决方案系统的重要组成部分。它不仅包含了 CAXA CAD 电子图板的全部功能，而且专门针对工艺技术人员的需要开发了实用的计算机辅助工艺设计功能，是一个方便快捷、易学易用的 CAD/CAPP 编辑软件。

CAXA CAPP 工艺图表 2020 的特点如下：

1. 与 CAD 系统的完美结合

CAXA CAPP 工艺图表 2020 全面集成了 CAXA CAD 电子图板，可完全按电子图板的操作方式使用，利用电子图板强大的绘图工具、标注工具和标准件库等功能，用户可以轻松制作各类工艺模板，灵活且快捷地绘制工艺文件所需的各种图形，高效地完成工艺文件的编制。

2. 快捷的各类卡片模板定制手段

利用 CAXA CAPP 工艺图表 2020 的模板定制工具，用户可对各种类型的单元格进行定义，并按需要定制各种类型的卡片。CAXA CAPP 工艺图表 2020 提供完整的单元格属性定义，可满足用户的排版与填写需求。

3. 所见即所得的填写方式

CAXA CAPP 工艺图表 2020 的填写与 Microsoft Office Word 一样实现了所见即所得，文字与图形直接按排版格式显示在单元格内。除单元格底色外，用户通过 CAXA 浏览器看到的填写效果与绘图输出得到的实际卡片是相同的。

4. 智能关联填写

CAXA CAPP 工艺图表 2020 工艺过程卡片的填写不但符合工程技术人员的设计习惯，而且可将内容自动填写到相应的工序卡片；卡片上关联的单元格（如刀具编号和刀具名称）可自动关联；自动生成工序号可自动识别用户的各个工序记录，并按给定格式编号；利用公共信息的填写功能，可一次完成所有卡片公共项目的填写。

5. 丰富的工艺知识库

CAXA CAPP 工艺图表 2020 提供专业的工艺知识库，以辅助用户填写工艺卡片；开放的数据库结构，允许用户自由扩充，定制自己的工艺知识库。

6. 统计与公式计算功能

CAXA CAPP 工艺图表 2020 可以对单张卡片中的单元格进行计算或汇总，并自动完成填写，利用汇总统计功能，还可定制各种形式的统计卡片，把工艺规程中相同属性的内容提取出来，自动生成工艺信息的统计并输出。该功能一般用来统计过程卡中的工序信息、设备信息和工艺装备信息等。

7. 工艺卡片与其他软件的交互使用

通过系统剪贴板，工艺卡片内容可以在 Microsoft Office Word、Microsoft Office Excel 等软件中读入与输出。

8. 标题栏重用

可以将 *.exb、*.dwg、*.dxf 格式的二维图纸标题栏中的图纸名称、图纸编号和材料名称等信息自动填写到工艺卡片中。

9. 打印排版功能

使用打印排版工具，可以在大幅面的图纸上排版打印多张工艺卡片，也可实现与工艺图表图形文件的混合排版打印。

10. 系统集成

1）与工艺汇总表模块的结合：CAXA 工艺汇总表模块与 CAXA CAPP 工艺图表是 CAXA 工艺解决方案系统的重要组成部分，工艺图表将工艺人员制定的工艺信息输送给汇总表，汇总表进行数据的提取与入库，最终进行统计汇总，形成各种 BOM 信息。

2）易于与 PDM 系统集成工艺图表基于文档式管理，更加方便、灵活地与 PDM 集成，便于 PDM 对数据进行管理。

3）XML 文件接口。提供通用的 XML 数据接口，可以方便地与多个软件进行交互集成。

CAXA CAPP 工艺图表 2020 的用户界面包括两种风格：Fluent 用户界面和经典用户界面。Fluent 用户界面主要使用功能区、快速启动工具栏和菜单按钮访问常用命令，经典用户界面主要通过主菜单和工具栏访问常用命令。除了这些界面元素，还包括状态栏、立即菜单、绘图区、工具选项板、命令行等。图 4-1 和图 4-2 所示为工艺图表的两种界面。这两种

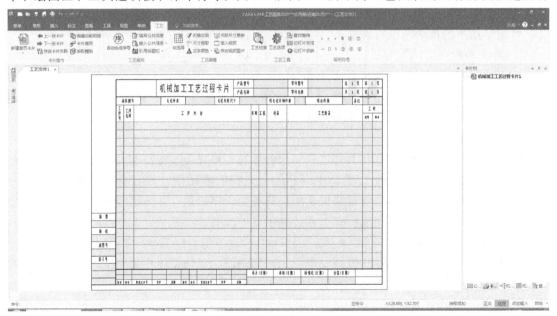

图 4-1　CAXA CAPP 工艺图表 2020 Fluent 用户界面

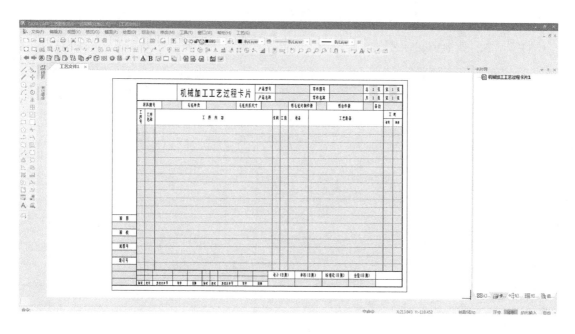

图 4-2　CAXA CAPP 工艺图表 2020 经典用户界面

风格界面可满足不同的使用习惯，按<F9>键，系统可以随时在两种界面间切换。

4.1.1　常用术语

1. 工艺规程

零件要经过毛坯制造、机械加工、热处理等不同工艺阶段才能变成成品，把零件所经过的整个工艺过程称为工艺路线或工艺流程，而把机械加工工艺过程的具体内容以表格的形式写成文件，就是机械加工工艺规程（简称工艺规程）。

工艺规程是在具体的生产条件下，以较合理的工艺过程和操作方法形成的、用以指导生产的文件，对企业的生产、组织和管理具有重要的意义。工艺规程是指导生产的主要技术文件，是组织和管理生产的基本依据，是新建和扩建工厂的基本资料，是企业相互交流和技术推广的依据。

将工艺规程的内容填入一定格式的表格，即成为工艺文件。各种工艺文件如图 4-3 所示。

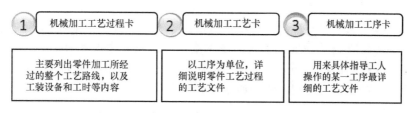

图 4-3　各种工艺文件

目前，工艺文件还没有统一的格式，不同企业都是按照一些基本的内容，根据具体情况自行确定。各种工艺文件的基本格式见表 4-1~表 4-3。

表 4-1　机械加工工艺过程卡

（厂名）	机械加工工艺过程卡片		产品型号		零件图号		共　页	
			产品名称		零件名称		第　页	
材料牌号	毛坯种类	毛坯外形尺寸			每毛坯件数	每台件数	备注	
工序号	工序名称	工序内容		车间	工段	设备	工艺设备	工时
								准终 / 单件
							编制/日期　审核/日期　会签/日期	
标记	处记	更改文件号	签字	日期	标记	处记	更改文件号　签字　日期	

表 4-2　机械加工工艺卡

（厂名）	机械加工工艺卡片			产品型号		零件图号		共　页	
				产品名称		零件名称		第　页	
材料牌号		毛坯种类	毛坯外形尺寸	每毛坯件数		每台件数		备注	
工序	装夹	工步	工步内容	同时加工零件数	切削用量				
					背吃刀量 /mm	切削速度 /(m/min)	每分钟转数或往复次数	进给量/(mm/r或mm/双行程)	设备名称及编号 工艺装备名称及编号（夹具/刀具/量具） 技术等级 工时定额（单件/准终）

为使制定的工艺规程切实可行，一定要结合现场的生产条件，因此要深入实际，了解加工设备和工艺装备的规格及性能、工人的技术水平，以及专用设备及工艺装备的制造能力等；同时，工艺规程的制定，既应符合生产实际，又要采用适用的先进工艺技术，以不断提高工艺技术水平。制定工艺规程的流程如图 4-4 所示。

2. 公共信息

在一个工艺规程之中，各卡片有一些相同的填写内容，例如产品型号、产品名称、零件代号、零件名称等，在 CAXA CAPP 工艺图表 2020 中，可以将这些填写内容定制为公共信息，当填写或修改某一张卡片的公共信息内容时，其余的卡片自动更新。

表 4-3　机械加工工序卡

（厂名）	机械加工工艺卡片	产品型号		零件图号		共　页
		产品名称		零件名称		第　页
（工序图）		每毛坯件数		每台件数		备注
		车间	工序号	工序名称		材料牌号
		毛坯种类	毛坯外形尺寸	每坯件数		每台件数
		铸造				
		设备名称	设备型号	设备编号		同时加工件数
		夹具编号		夹具名称		切削液
						工序工时
						准终	单件

工步号	工步内容	工艺装备	主轴转速 /(r/min)	切削速度 /(m/min)	进给量 /(mm/r)	背吃刀量 /mm	进给次数	工时定额	
								机动	辅助
				编制/日期		审核/日期		会签/日期	
标记	处记	更改文件号	签字	日期	标记	处记	更改文件号	签字	日期

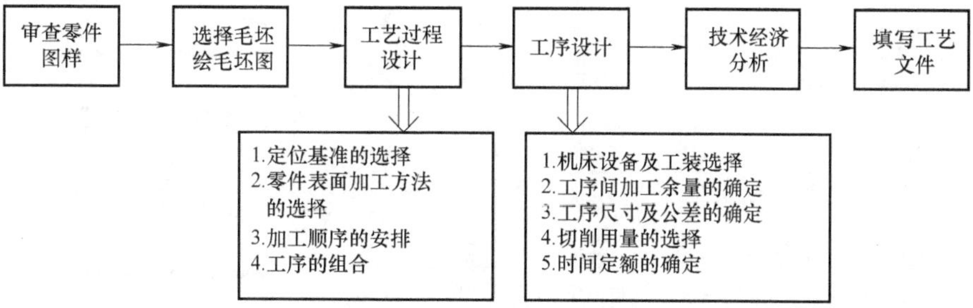

图 4-4　制定工艺规程的流程

4.1.2　文件类型说明

Exb 文件：CAXA CAD 电子图板文件，在工艺图表的图形界面中绘制的图形或表格，保存为 ∗.exb 格式文件。

Cxp 文件：工艺文件，填写完毕的工艺规程文件或工艺卡片文件，保存为 ∗.cxp 格式文件。

Txp 文件：工艺卡片模板文件，存储在安装目录下的【Template】文件夹中。

在 CAXA CAPP 工艺图表 2020 中，用户可根据需要定制工艺规程模板，通过工艺规程模板把所需的各种工艺卡片模板组织在一起，但必须指定其中的一张卡片为过程卡，各卡片之间可指定公共信息。

利用定制好的工艺规程模板新建工艺规程，系统自动进入过程卡的填写界面，过程卡是整个工艺规程的核心。应首先填写过程卡片的工序信息，然后通过其运行记录创建工序卡片，并为过程卡添加首页和附页，创建统计卡片、质量跟踪卡等，从而构成一个完整的工艺规程。工艺规程的所有卡片填写完成后存储为工艺文件（*.cxp 格式）。

4.2 工艺模板定制

在生成工艺文件时，需要填写大量的工艺卡片，将相同格式的工艺卡片格式定义为工艺模板，这样用户在填写卡片时直接调用工艺卡片模板即可，而不需要多次重复绘制卡片。

系统提供两种类型的工艺模板：工艺卡片模板（*.txp 格式），可以是任何形式的单张卡片模板，例如过程卡模板、工序卡模板、首页模板、工艺附图模板和统计卡模板等；工艺模板集（*.xml 格式），一组工艺卡片模板的集合，必须包含一张过程卡片模板，还可添加其他需要的卡片模板，例如工序卡模板、首页模板、附页模板等，各卡片之间可以设置公共信息。

CAXA CAPP 工艺图表 2020 提供了常用的各类工艺卡片模板和工艺模板集模板，存储在安装目录下的【Template】文件夹下。选择【文件】→【新建】命令或单击快速启动工具栏的【新建】按钮，在弹出的【新建】对话框中可以看到已有的模板，如图 4-5 所示。

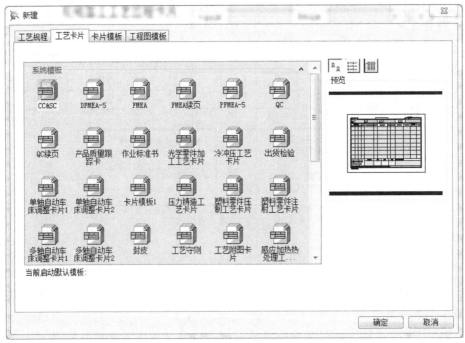

图 4-5 【新建】对话框中的模板

由于生产工艺的千差万别，现有模板不可能满足所有的工艺文件要求，利用 CAXA CAPP 工艺图表 2020 的图形环境，用户可以方便、快捷地绘制并定制出各种模板。

4.2.1 绘制卡片模板

1. 卡片绘制注意事项

（1）幅面设置 单击【图幅】主菜单下的【图幅设置】按钮 或选择【幅面】→【图幅设置】命令，弹出图 4-6 所示的【图幅设置】对话框，按实际需要设置图纸幅面与图纸比例，图纸方向为横放或竖放，注意必须与实际卡片相一致。

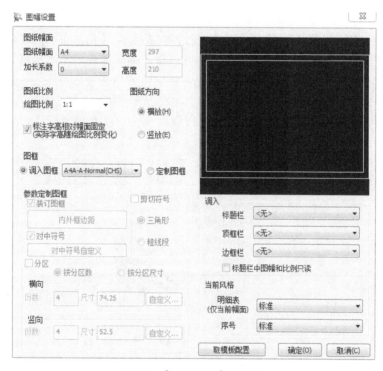

图 4-6 【图幅设置】对话框

（2）卡片中单元格的要求 卡片中需要定义的单元格必须是封闭的矩形，定义列单元格宽度和高度必须相等。

（3）卡片的定位方式 当卡片有外框时，以外框的中心定位，外框中心与系统坐标原点重合；当卡片无外框时，可画一个辅助外框，以外框的中心定位，外框中心与系统坐标原点重合，定位完后再删除辅助外框。

（4）文字定制 向单元格内填写文字时使用【搜索边界】的方式，并选择相应的对齐方式，这样可以更准确地把文字定位到指定的单元格中。

需要注意的是，如果卡片是从 AutoCAD 转过来的，必须要把卡片上的所有线条及文字设置到 CAXA 默认的细实线层，然后再删除 AutoCAD 的所有图层。

2. 绘制卡片表格

1）单击【文件】主菜单下的【新建】命令或单击快速启动工具栏的【新建】按钮 ，弹出【新建】对话框，选择【卡片模板】选项卡，双击列表框中的【卡片模板】

选项。

2）系统自动进入 CAXA CAPP 工艺图表 2020 的模板定制环境，利用集成的电子图板绘图工具（如直线、橡皮、偏移等）绘制表格。

除了直接绘制表格，用户还可以直接使用电子图板绘制的表格或 DWG/DXF 类型的表格，具体方法为：选择【文件】→【打开】命令或单击快速启动工具栏的【打开】按钮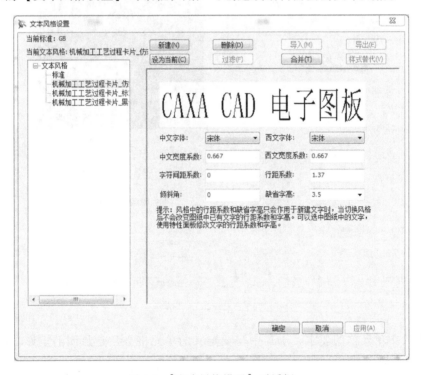，弹出【打开】对话框，在文件类型下拉列表中选择 ∗.exb 格式文件或 ∗.dwg 格式文件或 ∗.dxf 格式文件，并选择要打开的表格文件，按需要完成修改和定制后，可将其存储为工艺模板文件（∗.txp 格式）。

3. 标注文字

1）单击【标注】主菜单中的【文本】按钮 A 或选择【格式】→【文字】命令，弹出图 4-7 所示的【文本风格设置】对话框，用户可创建或编辑需要的文本风格。

图 4-7 【文本风格设置】对话框

需要注意的是，CAXA CAPP 工艺图表 2020 默认的字高为 3.5mm，此处字高为西文字符的实际字高，中文字高为输入数值的 1.43 倍；字宽系数为 0~1 之间的数字，对于 windows 标准的方块字（如菜单中的字符），其字宽系数为 0.998，而国家制图标准的瘦体字字宽系数为 0.667。

2）单击【常用】主菜单中的【文本】按钮 A 或单击绘图工具栏中的【文本】按钮 A，即可进行文字标注。首先需在窗口底部的立即菜单中设置【搜索边界】格式，然后单击单元格弹出【文本编辑器】对话框，如图 4-8 所示。输入所要标注的文字，确定之后，文字即被填入目标区域。

图 4-8　文本编辑器

4.2.2　定制工艺卡片模板

切换到模板定制界面，单击【模板定制】主菜单或在【模板定制】主菜单的【模板】面板中的相应功能，如图 4-9 所示，使用定义、查询、删除命令即可以快捷地完成工艺卡片的定制。

图 4-9　【模板】面板中的工具按钮

1. 术语释义

1）单个单元格：单个的封闭矩形为单个单元格。

2）列：纵向排列的、多个等高且等宽的单元格构成列。

3）续列：属性相同且具有延续关系的多列为续列。

4）表区：表区是包含多列单元格的区域，其中各列的行高和行数必须相同。图 4-10 所示为机械加工工艺过程卡片的表区。需要注意的是，在定义表区之前，必须首先定义表区的各列。

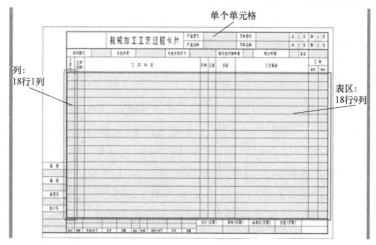

图 4-10　卡片中的单元格

2. 定义与查询单元格（列）

（1）单个单元格的定义　单击【模板定制】主菜单中的【定义单元格】按钮 或选择【模板定制】→【定义单元格】命令，用鼠标左键在单元格的内部单击，系统将用红色虚线加亮显示单元格边框，单击鼠标右键，将弹出【定义单元格】对话框，如图 4-11 所示。

下面详细介绍各属性的意义。

1）单元格名称。单元格名称是这个单元格的身份标识，具有唯一性，同一张卡片中的单元格不允许重名。单元格名称同工艺图表的统计操作、公共信息关联和工艺汇总表的汇总等多种操作有关，因此建议为单元格输入具有实际意义的名称。

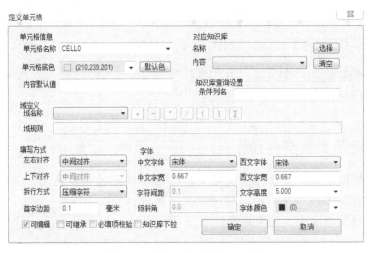

图 4-11 【定义单元格】对话框

2）单元格底色。在【单元格底色】列表框中选择适合的颜色，可以使卡片填写界面更加美观、清晰，但单元格底色不会通过打印输出。单击【默认色】按钮，会恢复系统默认的底色。

3）内容默认值。内容默认值可以实现对非表区单元格默认值的设置，设置成功后，在创建该模板对应的卡片时，将实现默认值的自动填写。

4）对应知识库。知识库是由用户通过 CAXA CAPP 工艺图表 2020 的【工艺知识管理】模块定制的工艺资料库，例如刀具库、夹具库、加工内容库等（关于知识库的管理见本书 4.2.4 节内容）。为单元格指定对应的知识库后，在填写此单元格时，对应知识库的内容会自动显示在知识库列表中，供用户选择填写。

在【名称】文本框中显示当前选择的数据库节点名称，【内容】列表框显示的是在知识库中此节点的字段。单击【名称】文本框后面的【选择】按钮，在弹出的【选择知识库】对话框中选择希望对应的工艺资料库，然后在【内容】列表框中选择希望对应的内容即可。例如，为对应知识库的【名称】中选择【夹具】库，而【内容】选择【编号】项，则在填写此单元格时，用户在知识库列表中选择需要的夹具后，夹具的编号自动填写到单元格中，如图 4-12 所示。单击【清空】按钮，则取消与知识库的对应。

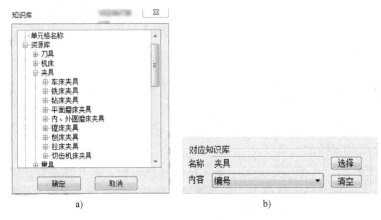

图 4-12 对应知识库

5）知识库查询设置。该功能用来指定知识库填写时自动筛选所依赖的列。

6）域定义。如果为单元格定义了域，则创建卡片后，此单元格的内容无须用户输入，而由系统根据域定义自动填写，【域名称】列表框中的选项如图 4-13 所示。

图 4-13 【域名称】列表框中的选项

工艺卡片通常会有四个页码和页数选项。在【域名称】列表框中的【页数】和【页码】选项代表卡片在所在卡片组（包括主页、续页、自卡片等），即"共×页　第×页"，而【总页数】和【总页码】选项代表卡片在整个工艺规程中的排序，即"总×页　第×页"。

选择【公式计算】与【工时汇总】选项可对同一张卡片中单元格进行计算或汇总；选择【汇总单元】与【汇总求和】选项可对过程卡表区中的内容进行汇总；【工序来源】与【工序去往】选项一般用在工序卡中，用于显示上一道工序和下一道工序。用在非表区定义时，可将【域名称】设置为【工序来源】或【工序去往】，【域规则】文本框用于填写过程卡中工序名称列的单元格属性名称，如"工序名称"。

需要注意的是，"域"与"库"是相斥的，也就是说，一个单元格不可能同时来源于库和域，选择其中的一个时，另一个会自动失效。

7）填写方式。对齐选项决定了文字在单元格中的显示位置，在【左右对齐】列表框中可以选择【左对齐】【中间对齐】【右对齐】三种方式，而【上下对齐】目前只支持【中间对齐】方式。

对于单个单元格，【折行方式】只能为【压缩字符】，填写卡片时，当单元格的内容超出单元格宽度时，文字间距会被自动压缩。如果用户选择了【保持字高】选项，则文字间距被压缩后，字高仍然保持不变，视觉上字体变窄。如果不选择此选项，文字间距被压缩后，文字会整体缩小。在【首字边距】文本框中输入数值（默认为1mm），填写的文字会与单元格左右边线离开一定的距离。

8）字体。用户可以对字体、文字高度、字宽系数和字体颜色等选项进行设置。

用户在定义字体时应注意以下几点：

① 字宽系数可选择【制图标准】或【Windows 标准】选项，也可输入 0~1 之间的数值。Windows 标准的方块字是等高等宽的，其字宽系数为 0.499，制图国家标准规定的瘦体字字宽系数为 0.3335（此处与电子图板字宽系数标准不同），用户可根据需要对其进行调整。

② 在【中文字体】列表框的选项中，若字体前面带有@标志，则字体是纵向填写的。

③ 如果定义的字高超过单元格高度，会弹出对话框提示用户重新输入。

④ 字体颜色会在打印时输出。

9）可编辑。勾选【可编辑】复选框，该单元格可以通过人为输入的方式进行填写，否则只能通过知识库选择或者其他导入的方式实现填写。

10）可继承。该复选框针对卡片表头中非公共信息的内容而言，可以通过继承的方式自动填写到续页卡片中。

11）必填项校验。一种强制标准化检查功能，勾选该复选框，在卡片填写时，该单元格必须填写，否则在不能保存该文件。

12）知识库下拉。当勾选该复选框后，填写该单元格时，系统会自动以列表框的方式呈现对应的知识库内容，方便用户直接进行选择。

（2）列的定义

1）单击【模板定制】主菜单中的【定义单元格】按钮 或选择【模板定制】→【定义单元格】命令。

2）在首行单元格内部单击，系统用黑色虚线框高亮显示此单元格。

3）按<Shift>键的同时单击此列的末行单元格，系统将首末行之间的一列单元格（包括首末行）全部用红色虚框高亮显示，如图4-14所示。

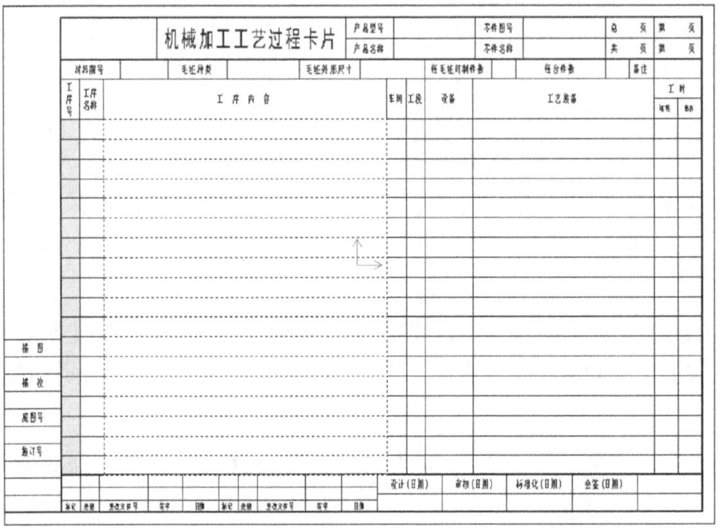

图 4-14　列定义

4）松开<Shift>键，单击鼠标右键，弹出【单元格属性】对话框。

5）属性设置内容和方法与设置单个单元格属性基本相同，只是【折行方式】列表框中有【自动换行】和【压缩字符】两个选项可供选择。如果选择【自动换行】选项，则文字填满该列的某一行之后，会自动切换到下一行继续填写；如果选择【自动压缩】选项，则文字填满该列的某一行后，文字被压缩，不会切换到下一行。

（3）续列的定义　续列是属性相同且具有延续关系的多列，续列的各个单元格应当等高等宽，定义方法如下：

1）单击【模板定制】主菜单中的【定义单元格】按钮 或选择【模板定制】→【定义单元格】命令。

2）使用选取列的方法选取一列。

3）按<Shift>键的同时选择续列上的首行，弹出图4-15所示对话框，询问是否定义续列。

需要注意的是，系统弹出此提示对话框，是为避免用户对续列的误定义，请注意【列】与【续列】的区别。

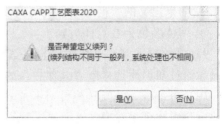

图 4-15　续列提示

4）单击【否】按钮，则不定义续列；单击【是】按钮，则高亮显示续列的首行。续列单元格应与首列单元格等高等宽，否则不能添加续列，且弹出信息框进行提示。

5）按<Shift>键的同时选择续列上的末行单元格，续列被高亮显示，类似地，可定义多个续列。

6）松开<Shift>键，单击鼠标右键，弹出【单元格属性】对话框，其设置方法与列相同。

（4）单元格属性查询与修改　通过单个单元格、列、续列的定义，可以完成一张卡片上所有需要填写的单元格的定义。如果需要查询或修改单元格的定义，只需单击【模板定制】主菜单中的【查询单元格】按钮 [查询单元格] 或选择【模板定制】→【查询单元格】命令，然后单击单元格即可。系统自动识别单元格的类型，弹出【单元格属性】对话框，用户可以对其中的选项进行修改或重新选择。

3. 定义与查询表区

1）单击【模板定制】主菜单中的【定义表区】按钮 [定义表区] 或选择【模板定制】→【定义表区】命令，单击表区最左侧一列中的任意一格，这一列被高亮显示。

2）按<Shift>键的同时单击表区最右侧一列，则左、右两列之间的所有列被选中，如图 4-16 所示。

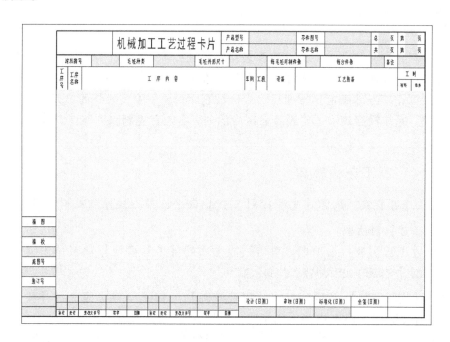

图 4-16　表区定义

3）单击鼠标右键，弹出图 4-17 所示【定义表区】对话框。如果希望表区支持续页，则勾选【表区支持续页】复选框，单击【确定】按钮，完成表区的定义。

用户在定义表区时应注意以下几点：

① 过程卡表区必须支持续页，否则公共信息等自动关联的属性不能自动关联。

② 过程卡模板，必须有一个表区定义为主表区。

③ 表区名称可由用户定义以示区分。

④ CAXA CAPP 工艺图表 2020 在定制模板时，支持一个模板同时定义多个支持续页的表区。

4）单击【模板定制】主菜单中的【查询表区】按钮 或选择【模板定制】→【查询表区】命令，弹出【表区属性】对话框，可修改【表区支持续页】等属性。

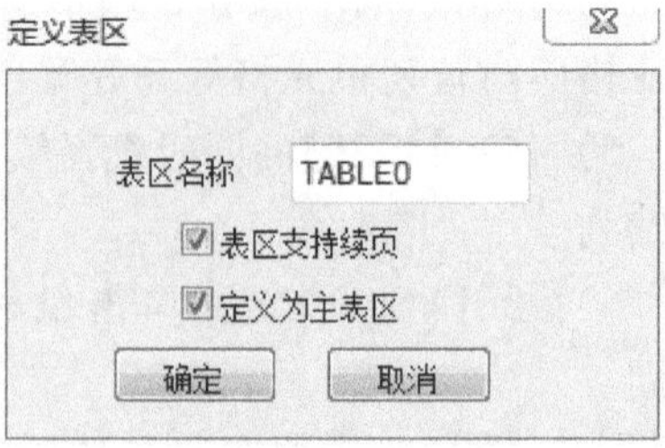

图 4-17 【定义表区】对话框

4. 续页定义规则

如果一个卡片的表区定义了【表区支持续页】属性，则可以添加续页。填写卡片时，如果填写内容超出了卡片表区的范围，系统会自动以当前卡片为模板，为卡片添加一张续页。

CAXA CAPP 工艺图表 2020 加强了续页功能，在添加续页时可添加不同模板类型的续页，需要强调的是，过程卡添加续页时要求续页模板与主页模板有相同结构的表区，即表区中列的数量、宽度相同，行高相同，对应列的名称一致，定义次序一致（定义表时，从左到右选择列和从右到左选择列，列在表中的次序是不一致的）。

需要注意的是，对非过程卡的卡片添加续页可添加不同模板类型的续页。关于添加卡片续页的操作，详见本书 4.3.6 节内容。

5. 删除单元格

单击【模板定制】主菜单中的【删除表格】按钮 或选择【模板定制】→【删除表格】命令，单击要删除的单元格即可。如果要删除表区，单击表区后，系统高亮显示表区并弹出对话框，单击【确定】按钮后，表区被删除；要删除表区外的单元格（列），单击即可将其删除，系统没有提示；要删除表区内的列，必须首先删除列所在的表区，然后才能将其删除。

▶▶ 4.2.3 定制工艺模板集

1）新建工艺模板集。选择【文件】→【新建】命令或单击快速启动栏的【新建】按钮 ，弹出【新建】对话框。

2）选择【工艺模板】选项卡，双击列表框中的【卡片模板】项或单击【卡片模板】项并单击【确定】按钮，进入模板定制环境。

3）单击【模板定制】主菜单中的【模板管理】按钮 或选择【模板定制】→【模板管理】命令，弹出图 4-18 所示对话框。

4）单击【新建模板集】按钮，在弹出的【新建模板集::输入模板集基本信息】对话框的【模板集名】文本框中输入要创建的模板集名称，并单击【下一步】按钮，如图 4-19 所示。

5）弹出【新建模板集::指定卡片模板】对话框。在【工艺模板】列表框中选择需要的模板，单击【指定】按钮或双击需要的模板。在没有指定工艺过程卡片之前，系统会提示是否指定所选卡片为工艺过程卡片。如果所选的是过程卡片，单击【是】按钮即可将此过程卡添加到右侧列表中，并在过程卡名称前添加 标志；单击【否】按钮，则将此卡片作

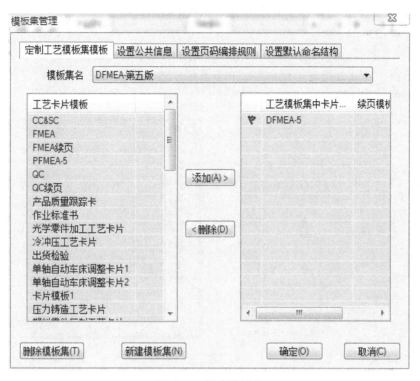

图 4-18　新建模板集

为普通卡片添加到右侧列表中，如图 4-20 所示。

图 4-19　【新建模板集::输入模板集基本信息】对话框

图 4-20　系统提示对话框

　　6）选择该工艺过程中需要的其他卡片，对话框右边的【规程中模板】列出用户选定的工艺过程卡片和其他工艺卡片，工艺卡片可以是一张或多张，由具体工艺决定。

　　7）指定的工艺过程卡片会有红色的小旗作为标志，用以区分过程卡片和其他工艺卡片。在右侧列表框中，单击卡片模板名称前中的 列，可以重新指定过程卡，但一个工艺规程模板中只能指定一个过程卡片模板。

8）选中右侧列表中的某一个卡片模板，单击【删除】按钮或双击某张卡片，可将其从列表中删除，如图 4-21 所示。

9）指定和删除续页。在选定的模板上单击鼠标右键，在弹出的对话框中可以选择指定续页或删除续页。在此处指定了续页后，在卡片编制过程中，将按照此处设定的卡片生成对应的续页，如图 4-22 所示。

图 4-21 【新建工艺模板集::指定卡片模板】对话框   图 4-22 指定和删除续页

10）指定了规程模板中所包含的所有卡片后，单击【下一步】按钮，弹出【新建工艺模板集::指定公共信息】对话框。这里要指定的是工艺规程中所有卡片的公共信息，在左侧列表框中选取所需的公共信息，单击【添加】按钮或双击需要的信息，将其显示在右侧列表中。在右侧列表中选择不需要的公共信息，单击【删除】按钮或双击要删除的信息，可将其删除，如图 4-23 所示。

图 4-23 【新建工艺模板集::指定公共信息】对话框

11）指定了公共信息后，单击【下一步】按钮，进入页码编码规则页面。

页码规则分为【页数页码编排规则】和【不参与总页数编排的模板】两部分，【页数页码编码规则】是以卡片类型为基础，设置了四种编排规则，如图 4-24 所示。

①【全部卡片按顺序编码】是指不区分卡片类型，按顺序依次编排。

②【按卡片类型编排】是指在选中的卡片类型中单独编排，例如，如果选中工序卡，则所有工序卡的页数页码单独编排。

③【按工序号编排】是指以工序为单位进行页码的编排。

④【全部独立编排】是指页数页码在所有卡片类型中单独编排。

【不参与总页数编排的模板】是针对总页数、总页码编排规则而言的，被选中的卡片将不计入总页数中。

12）在【新建模板集∷选择默认保存文件名和关联卡片命名结构】对话框中，可以设置文件默认的保存名称，以及工序卡默认的保存名称规则，如图 4-25 所示。

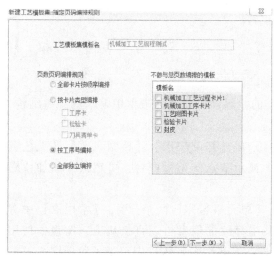

图 4-24　指定页码编排规则

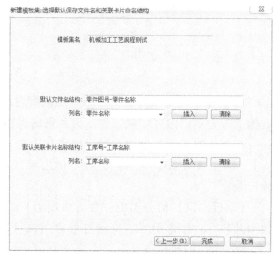

图 4-25　【新建模板集∷选择默认
保存文件名和关联卡片命名结构】对话框

13）单击【完成】按钮，即完成了一个新的模板集的创建。此时选择【文件】→【新建】命令或单击【新建】按钮，弹出【新建】对话框，在【工艺规程】选项卡中可以找到新建立的工艺规程。

4.2.4　知识库的定义

1. 知识库基本操作

（1）启动工程知识管理　选择【开始】菜单→【程序】→【CAXA 公用工具】→【CAXA 工程知识管理】命令，可启动知识库管理界面。通过【开始】菜单→【程序】→【CAXA 公用工具】→【CAXA 工程知识管理网络授权配置】命令可以修改加密锁相关配置。

第一次打开工程知识管理程序，会自动启动工程知识管理单机版，如图 4-26 所示。对于单机使用的用户，就可以在此界面实现具体的知识库相关操作。对于有工程知识管理授权的用户，可以通过切换数据库，指定数据库服务器地址及数据库用户名密码，即可访问数据库。

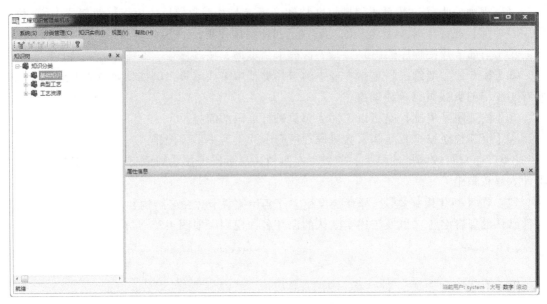

图 4-26　工程知识管理单机版

（2）知识库管理的界面介绍　知识管理工具的主界面，左侧列表框中显示知识树结构，右侧上方为知识内容区域，下方为列表的属性区。

在默认的知识列分类的知识树结构上的子类分有【基础知识】【典型工艺】【工艺资源】三类，单击知识树节点，在右侧内容区域中显示节点的记录内容，可在其中添加或删除记录。

【基础知识】的分类中包含【常用语】以及【单元格名称】两个分类。【常用语】中存放卡片填写时经常用到的特殊符号常用语等，其中存放的信息可以直接从工艺图表中使用【常用入库】的操作添加，无须定义与单元的关联。【单元格名称】中记录了曾经定义过的单元格名称，在定义工艺图表单元格属性时，使用过的单元格名称自动记录，也可以直接在知识库中增加。

【典型工艺】中存放的信息为卡片填写时经常用到的工艺用语，以及企业工艺信息的沉淀等内容，以减少工艺人员重复输入的工作量。

【工艺资源】中存放的一般为填写卡片时常用的企业资源，如材料信息、工具信息和设备信息等内容。

2. 知识分类操作

在知识树节点上，任意选择一个分类，单击鼠标右键，出现图 4-27 所示快捷菜单，用户可进行相应的知识分类操作。

3. 知识内容的自定义

用户可以通过以下四种方法实现添加记录的功能：

1）选中某条知识分类，选择【知识实例】→【增加记录】命令。

图 4-27　知识分类操作

2）直接在某一知识库的内容区域，单击鼠标右键，选择【增加记录】命令。

3）通过导入 Excel 的方式导入。选择需要编辑的知识分类，单击鼠标右键，通过【从Excel 导入】命令可以将根据模板设置好的 Excel 文件导入工程知识管理系统中。通过【编辑】按钮可以编辑该模板文件，也可以打开该文件，目录是【％appdata％ \ CAXA \ CAXA PKManager（x64）\ RetrieveTemplate】。

4）选中某条知识，单击鼠标右键，选择【插入记录】命令，可以实现记录插入的内容并将其保存在需要插入的位置。

4. 检索配置

检索配置是用来设置知识库之间的关联关系，方便在工艺图表填写时，实现知识的关联显示，并进行快速填写。比如当某些设备和工序名称【车】建立关联关系后，当工序名称填写【车】时，填写设备信息时，其关联的知识列表会自动根据关联关系显示出自动筛选的设备信息，从而实现关联信息的快速填写。

选择【系统】→【检索配置】命令，即可调用该命令，如图 4-28 所示，此配置支持实例对实例、实例对分类、分类对分类三种关系。分类是指知识树上的节点，实例是指知识库中的具体数据。

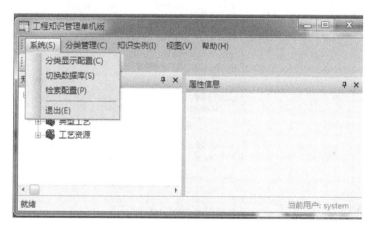

图 4-28　检索配置

4.3　工艺卡片填写

4.3.1　文件操作

1. 新建工艺文件

选择【文件】→【新建】命令或单击快速启动栏中的【新建】按钮，弹出【新建】对话框，用户可选择新建【工艺规程】文件或【工艺卡片】文件。

新建工艺规程：在【工艺规程】选项卡中显示了现有的工艺规程模板，选择所需模板并单击【确定】按钮，系统自动切换到工艺环境，并根据模板定义，生成一张工艺过程卡片。由工艺过程卡片开始，可以填写工序流程，添加并填写各类卡片，最终完成工艺规程的建立。

新建工艺卡片文件：在【工艺卡片】选项卡中显示了现有的工艺卡片模板，选择所需模板并单击【确定】按钮，系统自动切换到工艺环境，并生成工艺卡片，供用户填写。

2. 打开工艺文件

选择【文件】→【打开】命令或单击快速启动栏的【打开】按钮 ⤴，弹出【打开】对话框。

在【文件类型】列表框中选择【所有支持的文件】选项，选择要打开的文件，单击【确定】按钮或直接双击要打开的文件，系统自动切换到工艺编写环境，打开工艺文件，进入卡片填写状态。

3. 文件的自动保存与恢复

单击【工具】主菜单中的【选项】按钮 ☑ 或选择【工具】→【选项】命令，弹出【选项】对话框，切换到【系统】分类，右侧【存盘间隔】文本框即采用定时保存的控制选项，如图 4-29 所示。

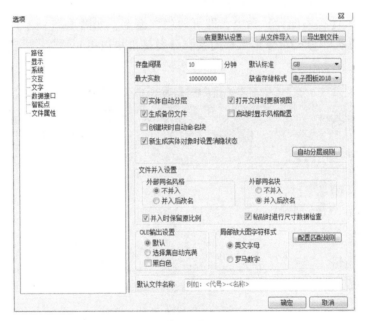

图 4-29 【选项】对话框

当软件异常关闭或强制关闭时，再次启动软件，可通过【文档恢复】命令恢复之前操作的文件。选择【文件】→【新建】命令或单击快速启动栏的【新建】按钮 ▢，弹出【新建】对话框，如图 4-30 所示。单击【文档恢复】选项卡，选择需要的文件即可。

4. 多文档操作

CAXA CAPP 工艺图表 2020 可以同时打开多个工艺文件（＊.cxp 格式）、多个模板文件（＊.txp 格式）、多个图形文件（＊.exb 格式和＊.dwg 格式），也支持在一个文件中设计多张图样。在同时打开的文件间或一个文件中的多个图样间可以方便地切换，每个文件均可以独立设计和保存，可以使用<Ctrl+Tab>快捷键在不同的文件间循环切换。

▶▶ 4.3.2 单元格填写

新建或打开文件后，系统切换到卡片的填写界面，可选择手工输入、知识库关联填写和

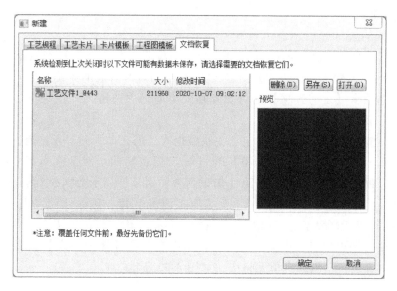

图 4-30　【文档恢复】选项卡

公共信息填写等多种方式对各单元格内容进行填写。

1. 手工输入填写

单击要填写的单元格，单元格底色随之改变，且光标在单元格内闪动，此时即可在单元格内输入要填写的字符。

需要注意的是，单元格的填写方式取决于模板的定制方式。

按住鼠标左键，使光标在单元格内的文字上拖动，可选中文字，然后单击鼠标右键，弹出图 4-31 所示的快捷菜单，利用【剪切】【复制】【粘贴】命令或对应的快捷键，可以方便地将文字填入各单元格。外部字处理软件（如记事本、写字板、Word 文档等）中的文字字符，也可以通过【剪切】【复制】【粘贴】命令，方便地填写到单元格中。在选中文字的状态下，在单元格与单元格之间可以实现文字的拖动。

若要改变单元格填写时的底色，只需选择【工艺】→【选项】命令，弹出【工艺选项】对话框，在【单元格填写底色设置】标签下选择所需的颜色。

2. 特殊符号的填写与编辑

在单元格内单击鼠标右键，利用右键快捷菜单中的【插入】命令，可以直接插入常用符号、图符、公差、上下标、分式、表面粗糙度、几何公差、焊接符号和引用特殊字符集。插入方法与CAXA CAD 电子图板完全相同。

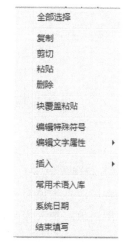

图 4-31　右键快捷菜单

CAXA CAPP 工艺图表 2020 使用的是操作系统的字符映射表，目前只支持【高级查看】下的中文字符集，对于其他字符集中的某些字符，填入到卡片中后可能会显示为【？】。用鼠标左键选中特殊符号，单击鼠标右键，弹出快捷菜单，选择【编辑】命令，系统自动识别所选中特殊符号的类型，弹出相应的对话框，供用户修改。如果选中的文字中包含多个特殊字符，系统只识别第一个特殊字符，对于【常用符号】【引用特殊字符集】生成的特殊符号，系统不能识别。

3. 系统日期的填写

填写状态下的右键快捷菜单中提供填写当前系统日期的方法，选择右键快捷菜单中的【系统日期】命令，CAXA CAPP 工艺图表 2020 会自动填写当前的系统日期。日期的格式可以从【工艺】选项卡【工艺选项】的【日期格式类型】中选择。

4. 利用知识库进行填写

如果在定义模板时，为单元格指定了关联数据库，那么单击此单元格后，系统自动关联到指定的数据库，并显示在【知识分类】与【知识列表】两个对话框中。【知识分类】对话框显示其对应数据库的树形结构，而【知识列表】对话框显示数据库根节点的记录内容。

例如：为【工序内容】单元格指定了【加工内容】库，则单击【工序内容】单元格后，【知识分类】对话框显示加工内容库的结构，包括车削、铣削等工序，单击其中的任意一种工序，则在【知识列表】中显示对应的具体内容。在【知识列表】对话框中单击要填写的记录，其内容被自动填写到单元格中，如图 4-32 所示。

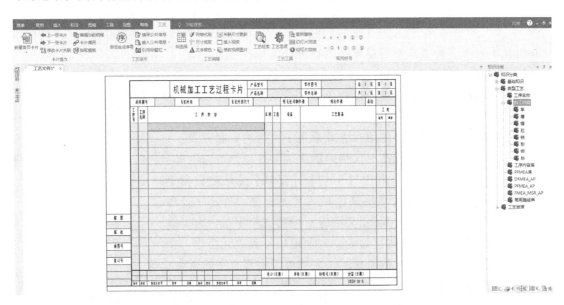

图 4-32　知识库填写界面

5. 常用语填写和入库

常用语是指填写卡片过程中需要经常使用的一些语句，CAXA CAPP 工艺图表 2020 提供了常用语填写和入库的功能。

（1）常用语填写　单击单元格后，在图 4-33 示的【知识分类】对话框的顶端，会显示【常用语】库的树形结构。展开结构树，并单击节点，在【知识列表】对话框中会显示相应的内容，只需在列表中单击即可将常用语记录填写到单元格中。

（2）常用语入库　在单元格中，选择要入库的文字字符（不包含特殊符号），单击鼠标右键，弹出右键快捷菜单，选择【常用术语入库】命令，弹出【常用术语入库】对话框，选择节点并单击【确定】按钮，选择的文字即被添加到【常用语】库中相应的节点下，如图 4-33 所示。

6. 填写公共信息

（1）填写公共信息　公共信息是在工艺规程中各个卡片都需要填写的单元格，将这些单元格列为公共信息。在填写卡片时，可以一次完成所有卡片中该单元格的填写，需要填写的公共信息在定制工艺规程模板时进行了指定。

选择【工艺】→【填写公共信息】命令或单击【工艺】主菜单中的【填写公共信息】按钮 ，弹出【公共信息】对话框，输入公共信息的内容单击【确定】按钮即可完成所有公共信息的填写。此外，选中公共信息并单击【编辑】按钮或直接在公共信息内容上双击，均可以对其进行编辑，如图 4-34 所示。

图 4-33　常用语入库　　　　　　　　　图 4-34　【填写公共信息】对话框

（2）输入公共信息和输出公共信息　填写完卡片的公共信息以后，选择【工艺】→【输出公共信息】命令或单击【工艺】主菜单中的【输出公共信息】按钮 ，系统会自动将公共信息保存为系统默认的 .txt 格式文件。

新建另一新文件时，选择【工艺】→【输入公共信息】命令或单击【工艺】主菜单中的【输入公共信息按钮】 ，可以将保存的公共信息自动填写到新的卡片中。

系统默认的 .txt 格式文件是唯一的，其作用类似于 CAXA CAD 电子图板的内部剪贴板，向此文件中写公共信息后，文件中的原内容将被新内容覆盖。从文件中引用的公共信息只能是最新一次写入的公共信息。

需要注意的是，各卡片的公共信息内容是双向关联的，修改任意一张卡片的公共信息内容后，整套工艺规程的公共信息也会随之一起改变。

7. 引用标题栏信息

CAXA CAPP 工艺图表 2020 可以将设计图纸标题栏中的图纸名称、图纸编号和材料名称等标题栏信息自动调用到工艺卡片中，完成填写。一般来说，有以下两种情况：

1）引用 CAXA CAD 电子图板图形文件（.exb 格式）的标题栏信息。

已知图形文件，标题栏中图样名称、图纸编号和材料名称等信息，选择【工艺】→【引用标题栏信息】命令或单击【工艺】主菜单中的【引用标题栏信息】按钮 ，弹出【引用标题栏信息】对话框，单击【浏览】按钮找到需要引用标题栏的 CAXA CAD 电子图板图形文件（*.exb 格式），如图 4-33 所示，单击【确定】按钮，图样文件标题栏中的图样名称、图样编号和材料名称等信息就会自动地填写到生这张过程卡片中，如图 4-35 所示。

如果工艺单元格与电子图板的属性不一致，在工艺安装录下设置文件【BomRelationOfCol. xml】，此文件路径为【:\Program Files \CAXA\CAXA CAPP\2020\Setting\zh-CN\ BomRelationOfCol. xml】，设置方法为添加一行或修改现有配置，【LINKAGE ColumnName3＝" "】，双引号中为工艺工艺图表中单元格的属性；【ColumnName2＝" "】【Column-Name1＝" "】【ColumnName＝" "】，可在任一双引号中设置对应的电子图板中标题栏的属性，如图 4-36 所示。

图 4-35 【引用标题栏信息】对话框

```
<TemplateSet PageType="0">
  <LINKAGELIST>
    <LINKAGE ColumnName="产品型号" ColumnName1="产品代号" ColumnName2="产品编号" ColumnName3="工序名称"/>
    <LINKAGE ColumnName="产品名称" ColumnName1="单位名称" ColumnName2="材料" ColumnName3="设备及工装"/>
    <LINKAGE ColumnName="零件名称" ColumnName1="部件名称" ColumnName2="零部件名称" ColumnName3="零件图号"/>
    <LINKAGE ColumnName="零件代号" ColumnName1="零部件代号" ColumnName2="部件代号" ColumnName3="工序号"/>
  </LINKAGELIST>
</TemplateSet>
```

图 4-36 设置引用标题栏信息的配置文件

2）引用＊.dwg、＊.dxf 格式图形文件的标题栏信息。

对于这些类型的图形文件，CAXA CAPP 工艺图表 2020 并不能直接识别其标题栏的信息。需要定制模板文件，以描述 AutoCAD 图形文件的标题栏位置，以及标题栏中单元格的位置和单元格的属性等，CAXC CAPP 工艺图表 2020 根据模板文件的描述提取其标题栏信息。模板文件保存为文本文件格式，如图 4-37 所示。

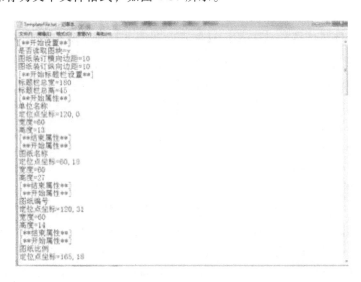

图 4-37 标题栏的模板文件

8. 引用明细表信息

CAXA CAPP 工艺图表 2020 可以将设计图纸明细栏中的信息调用到工艺卡片中，完成填写。

选择【工艺】→【引用明细表信息】命令或单击【工艺】主菜单中的【引用明细表信息】按钮，弹出【引用明细表信息】对话框，如图 4-38 所示，单击【浏览】按钮找到需要引用明细表的 CAXA CAPP 工艺图表（＊.exb 格式）图形文件。

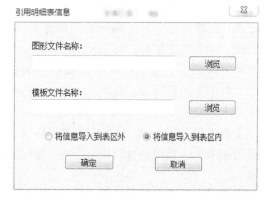

图 4-38　【引用明细表信息】对话框

选择好图纸后，如需将信息填写在工艺卡片的表头部分，可选中【将信息导入到表区外】单选按钮；如需将信息填写在表区部分，可选中【将信息导入到表区内】单选按钮，选择完毕，单击【确定】按钮，弹出信息读取对话框。

（1）将信息导入到表区外　由于表头部分都为单个单元格，固默认选项为【按名称匹配】，选择唯一数据，单击【确定】按钮，系统会按照"明细表中的字段名称＝卡片的单元格名称"的原则，完成自动填写，如单元格名称定义为【代号】，则选中数据中【代号】对应的数据自动填写在该单元格中。

（2）将信息导入到表区内　选择【顺次填写】选项，选择需要的数据，单击【确定】按钮，单击需要填写数据的起始位置，完成数据填写。

选择【按名称匹配】选项，选择需要的数据，单击【确定】按钮，系统会按照"明细表中的字段＝卡片的单元格名称"的原则完成填写。

4.3.3　行记录的操作

行记录是与工艺卡片表区的填写、操作有关的重要概念，与 Word 文档中表格的"行"类似。图 4-39 所示为一个典型的 Word 文档中的表格，在其中的某个单元格中填写内容时，各行表格线会随着单元格内容的增减动态调整，当单元格内容增多时，行表格线会自动下移，反之则上移。行记录的高度，随着此行记录中各列高度的变化而变化。行记录由红线标识，每两条红线之间的区域为一个行记录，单击【工艺】主菜单下的【红线区分行记录】按钮，可以选择打开或关闭红线。

序号	工序名称	工艺内容	车间	设备
1	焊	填焊底板、顶板的外坡口，等离子切割底板孔至 ϕ1020mm，卸下焊接撑模，填焊底板、顶板的内坡口。焊接方法及工艺参数详见焊接工艺	1	ZX5-250
2	铣	倒装夹，参照上道工序标识的校正基准圆，用百分表找正底板及外圆，跳动公差小于 0.50mm	1	C5231E
3	钳	倒放转组合，底板朝上，清洗已动平衡好的篮底及底板的配合止口；将篮底倒置装入筒体底板止口，参照上道工序已加工的基准校正，偏差如工艺附图所示，用 ϕ17mm 钻头号定心孔穴（只作为钻 M16 螺纹底孔 ϕ14mm 孔标记用，不能钻深）	2	摇臂钻

图 4-39　工艺文件

按<Ctrl>键的同时单击行记录，可将行记录选定，连续单击行记录，可选中同一页中的多个行记录。此时行记录处于高亮显示状态，单击鼠标右键，弹出快捷菜单，如图4-40所示。利用快捷菜单中的命令，可以实现行记录的编辑操作。对于过程卡中的行记录，还可以生成、打开、删除工序卡，检验卡片，刀具清单卡片，在过程卡工序上单击鼠标右键生成的工序卡、检验卡片、刀具清单卡片，可以与过程卡实现相同属性相互关联。

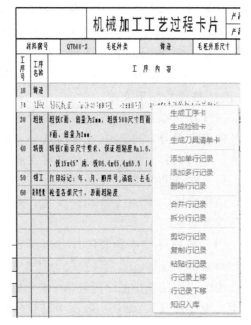

图4-40　行记录右键快捷菜单

4.3.4　自动生成工序号

用户在填写工艺过程卡片时，可直接填写工序名称和工序内容，以及刀具、夹具、量具等信息，不用填写工序号。在整个过程卡填写过程中或填写完毕后，可以选择【工艺】→【自动生成工序号】命令或单击【工艺】主菜单中的【自动生成工序号】按钮，弹出【自动生成工序号】对话框，如图4-41所示。

用户使用该命令后，系统会自动填写工艺过程卡中的工序号和所有相关工序卡片中的工序号以及卡片树中工序卡片的命名。

用户在使用该命令时需要注意以下几点：

1）【自动生成工序号】功能会将自动工序号的内容填写到特定的单元格中，对应的单元格名称为：【工序号】【序号】【工步号】【OP_NO】【OPER_NO】【SerialNO】。

2）每次生成工序号，会对应指定表区，如果卡片是多表区模板，在应用【自动生成工序号】功能时可通过选择指定表区生成工序号。

4.3.5　尺寸提取操作

通过尺寸标注编号功能，可以实现对工艺简图中尺寸进行自动编号并提取尺寸到指定单元格的功能。单击

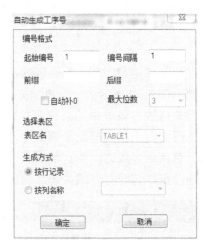

图4-41　【自动生成工序号】对话框

【尺寸提取】按钮后，顺次选择需要编号并提取数值的尺寸，然后单击鼠标右键，弹出图4-42所示对话框。分别对初始序号、序号形状、序号列和数据列进行设置，单击【确定】按钮后，完成序号的标注和尺寸的提取。当图形中的尺寸发生变化时，可以通过【关联尺寸更新】按钮进行更新。

1）初始序号：本次提取尺寸编号的初始值。当第一次提取时，一般将该值设置为

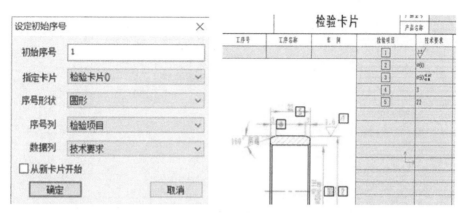

图 4-42 序号及尺寸信息列设置

【1】，当已经提取过尺寸，再次提取时，要注意表区中已经排列到多少，按需求进行填写初始序号。

2）指定卡片：用来指定提取的尺寸所填写的卡片。默认当前页，当图形和表区不在同一张卡片时，可以进行选择。

3）序号形状：系统默认提供圆形、方形、正三角、倒三角和无五种类型。

4）序号列：表区中用来填写序号的列。

5）数据列：表区中用来填写尺寸的列。

6）从新卡片开始：本次提取的尺寸填写在新生成的续页中。

需要注意的是，填写尺寸的表区，须设定为【主表区】并支持续页。

4.3.6 卡片树操作

卡片树在屏幕的右侧，如图 4-43 所示。

卡片树可用来实现卡片的导航，在卡片树中双击某一张卡片，对话框即切换到这张卡片的填写界面；在卡片树中单击鼠标右键，在弹出的快捷菜单中选择【打开卡片】命令也可切换到此卡片的填写界面。除此之外，单击主工具栏中的方向按钮 ←→，可以实现卡片的顺序切换。幻灯片界面是以更直观的图示化效果展现卡片的层次关系，是卡片树的图示化表达效果，系统还支持对卡片进行幻灯片浏览和幻灯片放映功能。

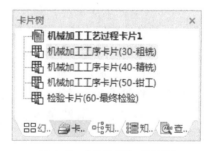

图 4-43 【卡片树】对话框

选择卡片树中的卡片，单击鼠标右键，弹出快捷菜单，可以直接对卡片进行操作，例如添加、删除、复制等操作，如图 4-44 所示。

1. 生成工序卡片

1）在过程卡的表区中，按<Ctrl>键的同时单击，选择一个行记录（一般为一道工序），单击鼠标右键，弹出快捷菜单，如图 4-40 所示行记录右键快捷菜单。

2）单击【生成工序卡片】按钮，弹出【选择卡片模板】对话框，如图 4-45 所示。

3）在列表中选择所需的工序卡片模板，单击【确定】按钮，即为行记录创建了一张工序卡片，并自动切换到工序卡填写界面。

图 4-44　卡片树右键快捷菜单　　　　　图 4-45　【选择卡片模板】对话框

4）此时，在卡片树中过程卡的下方出现【工序卡（ ）】，小括号中的数字为对应的过程卡行记录的工序号，两者是相关联的，当过程卡中行记录的工序号改变时，小括号中的数字会随之改变。

5）新生成的工序卡片与原行记录保持一种关联关系，在系统默认设置下，过程卡内容与工序卡内容双向关联（卡片间关联填写设置请参见本书 4.3.7 节内容）。生成工序卡时，行记录与工序卡表区外的单元格相关联的内容能够自动填写到工序卡片中。

6）在过程卡表区中，如果一个行记录已经生成了工序卡片，那么选中此行记录并单击鼠标右键后，弹出图 4-46 所示的右键快捷菜单，此菜单和图 4-40 中的菜单有以下不同：

① 原【生成工序卡片】命令变为【打开工序卡片】命令，选择此命令，则切换到对应工序卡片的填写界面。

② 不能使用【删除行记录】【合并行记录】【拆分行记录】【剪切行记录】【粘贴行记录】等命令，否则会破坏行记录与对应工序卡的关联性。只有在删除了对应工序卡后，这些命令才重新有效。

生成检验卡、刀具清单卡使用的方法与生成工序卡使用的方法相同。

图 4-46　行记录
右键快捷菜单

2. 打开、删除工艺卡片

1）打开卡片　有三种方法可以打开卡片。在卡片树中选择某一卡片，单击鼠标右键，在弹出的快捷菜单中选择【打开】命令；在卡片树中双击某一卡片；在卡片树中单击某一卡片，按【Enter】键。

2）删除卡片　在卡片树中选择某一张卡片，单击鼠标右键，在弹出的快捷菜单中选择【删除卡片】命令，即可将此卡片删除。

需要注意的是，以下卡片不允许删除，右键快捷菜单中没有【删除卡片】命令项。

① 已生成工序卡的过程卡。过程卡生成工序卡后，不允许直接删除过程卡，只有先将所有工序卡均删除后，才能删除过程卡。

② 中间续页。如果一张卡片有多张续页卡片，有换行记录的中间的续页不允许删除。

3. 更改卡片名称

在卡片树中，选择要更改名称的卡片，单击鼠标右键，在弹出的快捷菜单中选择【重命名】命令，输入新的卡片名称，按【Enter】键即可或者直接双击卡片名称，进入编辑状态。

4. 上移或下移卡片

在卡片树中，选择要移动的卡片，单击鼠标右键，在弹出的快捷菜单中选择【上移卡片】或【下移卡片】命令，可以改变卡片在卡片树中的位置，卡片的页码会自动进行调整。

需要注意的是，移动工序卡片时，其续页、子卡片将一起移动；子卡片只能在其所在卡片组的范围内移动，单独不能移动。

5. 创建首页卡片与附页卡片

首页卡片一般为工艺规程的封面，而附页卡片一般为附图卡片、检验卡片、统计卡片等。

选择【工艺】→【创建首页卡片】命令或【创建附页卡片】命令或单击【工艺】主菜单中的【创建首页卡片】按钮 ![icon] 或【创建附页卡片】按钮 ![icon]，均会弹出的【选择工艺卡片模板】对话框，选择需要的模板，确认后即可以为工艺规程添加首页和附页。在卡片树中，首页卡片被添加到规程的最前面，而附页被添加到当前页的后面。

6. 添加续页卡片

有三种方法可以为卡片添加续页：

1）填写表区中具有【自动换行】属性的列时，如果填写的内容超出了表区范围，系统会自动添加续页。自动添加续页时，系统自动选择模板的优先顺序是：如果定义规程时定义了续页，优先选用系统指定的续页；如果规程中没有指定续页，则寻找该规程中模板名为【当前卡片模板名+续页】的卡片，以此自动生成续页，例如当前工序卡模板是【机加工序卡片】，则在自动生成续页的时候会找【机加工序卡片续页】这个模板；如果上述两种情况都不存在，则使用本页卡片模板自动生成续页。

2）选择【工艺】→【添加续页卡片】命令或单击【工艺】主菜单中的【添加续页卡片】按钮 ![icon]，弹出【选择工艺卡片模板】对话框。选择所需的续页模板，单击【确定】按钮，即可生成续页。

3）选择卡片树对应卡片，单击鼠标右键，通过右键快捷菜单中的【添加续页】命令，选择所需要的续页模板，单击【确定】按钮，即可生成续页。

需要注意的是，【添加续页】命令是指在与当前续页卡片表区结构相同的一组续页卡片之后添加一张新的卡片，如果没有表区结构相同的卡片，则添加到该组卡片最后的位置。

7. 添加子卡片

在编写工艺规程时，希望在某一张工序卡片之后添加工序附图等卡片，对这一工序的内容进行更详细的说明，并且希望能作为此工序所有卡片中的一张，与主页、续页卡片一起排序而且希望根据用户的操作习惯进行移动。这一类卡片，既不能使用【添加续页】命令添加，也不能使用【添加附页】命令添加（只能添加到卡片树的最后），这就用到了【添加子卡】功能。

添加子卡片的步骤如下：

1）在卡片树中，选择要添加子卡片的卡片，单击鼠标右键，弹出快捷菜单。

2）选择【添加子卡】命令，弹出【选择工艺模板】对话框。

3）选择所需的卡片模板，单击【确定】按钮，完成子卡片的添加。

4.3.7　卡片间关联填写设置

在过程卡片中，表区行记录各列的内容，例如【工序号】【工序名称】【设备名称】【工时】等可以设置与工序卡片单元格中表区之外的内容相关联，两者通过单元格名称匹配。通过设置过程卡与工序卡的关联，可以保持工艺数据的一致性，并方便工艺人员填写。

选择【工艺】→【选项】命令，弹出【工艺选项】对话框，如图 4-47 所示。具体选项的介绍如下：

1）过程卡和工序卡内容不关联：两者内容不相关，可分别更改过程卡与工序卡，彼此不受影响。

2）过程卡内容更新到工序卡：修改过程卡内容后，工序卡内容自动更新。

3）工序卡内容更新到过程卡：修改工序卡内容后，过程卡内容自动更新。

4）过程卡和工序卡双向关联：确保过程卡或工序卡关联内容的一致，修改过程卡时，工序卡内容自动更新，反之亦然。

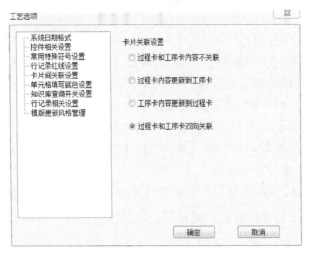

图 4-47　卡片间关联填写设置

在卡片填写时，应用工具栏【修改卡片关联】功能，可以单独对指定工序进行过程卡和工序卡（检验卡、刀具清单卡）的关联关系修改。关联关系的修改，支持工序卡、检验卡和刀具清单卡，如图 4-48 所示。

4.3.8　其他应用功能

1. 规程模板管理与更新

在 CAXA CAPP 工艺图表 2020 的应用中，用户有时需要为工艺规程模板添加或删除一个卡片模板，或者需要对某张卡片模板进行修改（例如增加、删除单元格，为表区增加、删除一列，更改单元格字体、排版模式，指定新的知识库等）。使用规程模板管理与更新功

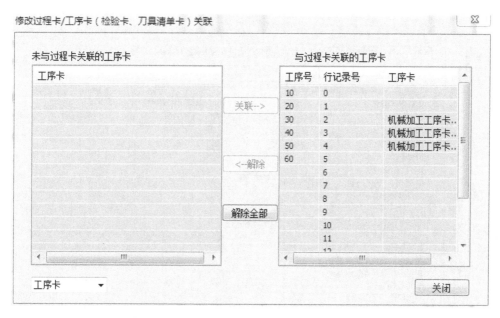

图 4-48 【修改过程卡/工序卡（检验卡、刀具清单卡）关联】对话框

能，用户可以方便地管理模板，根据修改后的模板，对当前已有的工艺文件进行更新，而不必重新建立、输入工艺文件，极大简化了操作过程。

对规程模板的管理分为两类，即系统规程模板的管理和工艺文件的模板管理与更新。

在工艺图表安装目录下的【Template】文件夹下，存储了系统现有的工艺规程模板，利用规程模板管理工具，可以对这些模板进行管理。

利用【Template】文件夹下的模板生成工艺文件（*.cxp 格式）并存储后，模板信息即和卡片信息一同保存在文件中，此时修改【Template】文件夹下的模板，并不会对工艺规程文件造成影响。利用规程模板管理工具，可以管理规程文件的模板，还可利用模板更新功能，对现有文件中的模板进行更新。

（1）系统规程模板的管理

1）在模板定制环境下，单击【模板定制】主菜单中的【模板管理】按钮 模板管理 或选择【模板定制】→【模板管理】命令，弹出【模板集管理】对话框，如图 4-49 所示，在【模板集名】列表框下，显示了系统现有的所有工艺规程模板（保存在【Template】文件夹下）。

2）单击【删除模板集】按钮，可将【模板集名】列表框中选中的规程模板删除，系统不给出提示。

3）双击【模板集名】列表中选择要编辑的工艺规程模板或单击【增加】按钮或【删除】按钮，可以为选择的工艺规程模板增加或删除卡片。

4）切换到【设置公共信息】选项卡，双击或单击【增加】按钮或【删除】按钮，可以增加或删除规程各卡片的公共信息，如图 4-50 所示。

5）在【设置页码编排规则】选项卡中，可以依据模板中的域设置，在规程中确定页数页码编排规则，主要包含图 4-51 所示几个规则：

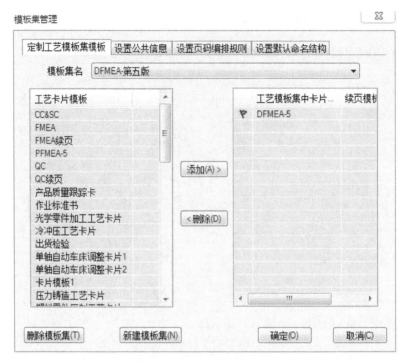

图 4-49　模板集名称列表

图 4-50　增加或删除公共信息

① 全部卡片按顺序编排：此规则的页数页码域与总页数总页码域规则达到的效果相同。

② 按卡片类型编排：此规则可以按照工序卡、检验卡、刀具清单卡等各类型的卡片独立编排。

③ 全部独立编排。

④ 按工序号编排。

6）在【设置默认命名结构】选项卡中，设计、更改文件以及工艺卡的命名规则，如

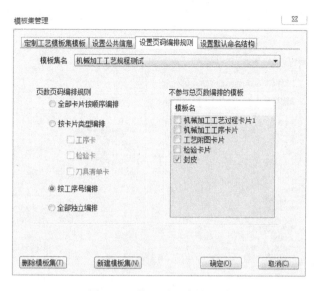

图 4-51　设置页码编排规则

图 4-52 所示。

图 4-52　设置默认命名结构

7）单击【确定】按钮即可完成修改。

（2）当前文件的模板管理

1）新建或打开一个工艺规程或工艺卡片，切换到工艺环境。

2）单击【工艺】主菜单中的【编辑当前规则】按钮 编辑当前规程 或选择【工艺】→【编辑当前规程】命令，弹出图 4-53 所示对话框，在【模板集名称】列表框中显示的是当前文件应用的模板，不允许修改。

3）单击右侧本文件中需要更新的模板，选择系统中某个模板，单击【关联】按钮，将本文件中的模板更换为新的模板。不设置关联的模板，使用相同模板名称的文件更新。

4）单击【更新公共信息】按钮，可以将目前系统中规程中的公共信息更新到本文件中来。

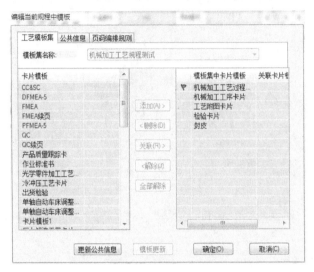

图 4-53 【编辑当前规程中模板】对话框

5）在【工艺模板集】选项卡中，单击【添加】按钮或【删除】按钮，可以为当前工艺文件的模板增加或删除卡片，但要注意，正在使用的模板不允许执行【删除】命令。

6）在【公共信息】选项卡下，单击【添加】按钮或【删除】按钮，可以添加或删除公共信息。

7）在【页码编码规则】选项卡下，可以修改页码的编排规则，单击【从规程更新】按钮，可以将规程的设置更新到本文件上来。

当选择【按工序号编排】选项后，卡片树中卡片的显示顺序将按照工序为单位进行整体排序，每个工序相关的卡片会集中排列在一起。

（3）当前文件的模板更新 对于已经建立的工艺文件，如果需要修改模板，例如添加、删除单元格等，利用工艺图表的模板更新功能，可以方便实现已有工艺文件的模板更新，而不必按新模板重新创建并输入工艺文件。其具体的操作步骤如下：

1）打开要修改的模板，按需要进行修改，保存为新模板，注意模板名称不要改变。

2）打开用旧模板建立的工艺文件（＊.cxp 格式）。

3）选择【文件】→【编辑规程】命令，弹出图 4-53 所示对话框。

4）在右侧列表中，选择要更新的模板，单击【更新模板】按钮，根据模板修改的情况，系统会给出相关的提示，确定后即可完成模板的更新。

操作时需要注意以下几点：

1）如果更新主页或续页的表区，那么修改后，必须保证两者的表区满足添加续页的规则，否则不能更新模板。

2）如果规程中存在主页与续页，那么不能修改主页模板或续页模板中表区的结构，包括增删列、更改列宽与行高、更改列名称。

3）如果修改了主页或续页表区各列的字体、对齐方式、字体颜色等时，更新后，续页自动保持与主页一致。

2. 卡片借用

使用卡片借用功能，可以将 CAXA CAPP 工艺图表旧版本的工艺卡片文件或其他工艺规程中的卡片，借用到当前工艺规程中来，这样就减少了重新创建并输入卡片的工作量。

卡片借用方式：卡片借用功能采取替换卡片的方式，具有【整体借用】（主页+续页）的借用方式，同时支持【单张卡片借用】方式。

1）单击【工艺】主菜单中的【卡片借用】按钮 ⚙卡片借用 ，弹出【工艺卡片借用】对话框，如图 4-54 所示。

图 4-54　【卡片借用】对话框

2）在【卡片借用】对话框中，默认显示当前文件的卡片树结构，单击【浏览】按钮，选择需要借用的文件，在左侧控件中选择不同的卡片，从而快速浏览对应的卡片内容。

3）根据需要选择【整体借用】或【单页借用】模式，勾选【借用表头】复选框可以将表格中非表区部分参与借用；勾选【只借用内容】复选框表示只把被借用文件的内容复制过来，而模板不需借用；勾选【借用模板和内容】复选框表示把被借用文件的内容和模板都借用过来。在【借用文件】单击需要卡片，将其拖动至【当前文件】需要位置，如果产生了误操作，单击【重置】按钮，重新借用，借用后【当前卡片】被借用的卡片以 ⊘ 图标进行区分。借用完成后单击【确定】按钮。

另外一种方法是：选择【卡片树】，单击鼠标右键，在弹出的快捷菜单中选择【卡片借用】命令，也可实现借用功能，单击【卡片树】的方法，由于起始定位了需要借用卡片的位置，即在【卡片借用】对话框中不支持拖拽操作，在【借用文件】中选择需要的文件，直接单击【确定】按钮，完成借用。

3. 与其他软件的交互使用

工艺卡片中的内容可以与 Word、Excel、记事本等软件进行交互，外部软件中的表格内容可以输入到工艺卡片中，工艺卡片中的内容也可以输出到外部软件中。这里介绍与 Microsoft Office Word 软件的交互操作，与 Excel、记事本的交互操作与之类似。

将 Microsoft Office Word 中工艺表格的内容输入到工艺图表的工艺卡片中，具体方法如下：

1）在 Microsoft Office Word 中全选需要输出的数据内容（表头除外），单击鼠标右键，在弹出的快捷菜单中选择【复制】命令或使用快捷键【Ctrl+C】复制表格内的数据内容。

2）在卡片填写状态下，单击对应的单元格，此时十字光标将会变为工字形光标，提示软件进入文字输入状态。

3）单击鼠标右键，在弹出的快捷菜单中选择【粘贴】命令或使用快捷键【Ctrl+V】，即可将 Microsoft Office Word 中表格内的数据内容粘贴到卡片中。

操作时需要注意以下几点：

1）Microsoft Office Word 表格中的项目符号及某些 CAXA CAPP 工艺图表 2020 不支持的特殊字符（如上下箭头）等不会复制到卡片表格中。

2）如果 Microsoft Office Word 表格的某一单元格中含有回行符，那么这个单元格的内容被粘贴到工艺图表中后，会在回行符处被拆分成多个行记录，而不会显示在同一个行记录中。

同样，通过【块复制】命令，可将工艺表格中的内容输出到 Microsoft Office Word 已有的表格中，或者直接将数据输出到 Microsoft Office Word 中，然后根据数据内容制作表格。CAXA CAPP 工艺图表 2020 中的特殊字符，如上下箭头、表面粗糙度、焊接符号等不会粘贴到 Microsoft Office Word 中。

4.4 工艺附图的绘制

4.4.1 利用工艺图表绘图工具绘制工艺附图

CAXA CAPP 工艺图表 2020 集成了 CAXA CAD 电子图板的所有功能，利用工艺图表的绘图工具，可方便地绘制工艺附图。用户可使用如下三种方法中的一种进行工艺附图的绘制：在工艺编写环境下直接绘制工艺附图；在图形环境下绘制产品图、工装图；在模板定制环境下绘制模板简图。

4.4.2 向卡片中添加已有的图形文件

1. 插入 CAXA CAD 电子图板文件

使用【并入文件】命令可将 CAXA CAD 电子图板文件（∗.exb 格式）、AutoCAD 文件（∗.dwg 格式）自动插入到工艺卡片中任意封闭的区域内，并且按区域大小自动缩放。插入的 CAXA CAD 电子图板装配图文件，在并入后会保留装配序号。在插入 CAXA CAD 电子图板文件之前，用户须进行如下设置：

选择【幅面】→【图幅设置】命令，弹出图 4-55 所示对话框，取消勾选【标注字高相对幅面固定】复选框，单击【确定】按钮完成设置。进行此设置后，插入的图形的标注文字也将按比例缩放，否则将保持不变，容易造成显示上的混乱。

单击【插入】主菜单中的【并入文件】 ；按照窗口底部立即菜单提示，调整选项进

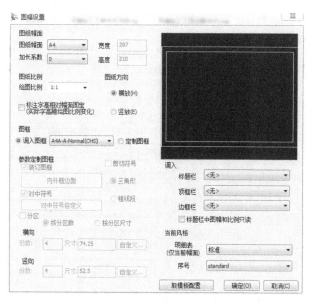

图 4-55　【图幅设置】对话框

行插入，具体操作参考《CAXA CAD 电子图板帮助手册》的【并入文件】功能。对于 *.exb 格式图纸，并入时系统自动会把标题栏和明细表过滤掉。对于装配图，会保留装配序。

2. 添加 DWG、DXF 文件

选择【文件】→【打开】命令或单击【打开】按钮，弹出【打开】对话框。在【文件类型】列表框中选择【DWG/DXF 文件（*.dwg；*.dxf)】，选择要打开的文件并单击【打开】按钮，图形文件被打开并显示。

3. 插入 OLE 对象

工艺卡片中可以嵌入 OLE 对象，不同卡片可以嵌入不同的 OLE 对象；卡片模板也可以嵌入 OLE 对象，按该模板创建的卡片会自动继承该 OLE 对象（模板可以保留 OLE 对象，例如图片等）；卡片中的 OLE 对象操作特性是一致的，不管是在卡片中插入的还是由卡片模板继承的。

单击【插入】主菜单中的【插入】按钮，弹出【插入对象】对话框，如图 4-56 所示，选择所需要插入的对象。

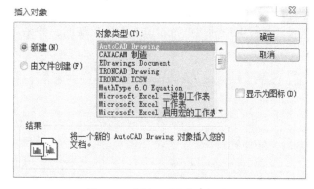

图 4-56　【插入对象】对话框

4.4.3　图片与视频

1. 插入图片

单击【插入】主菜单中的【插入图片】按钮，选择要插入的图片文件，弹出图 4-57

所示对话框。

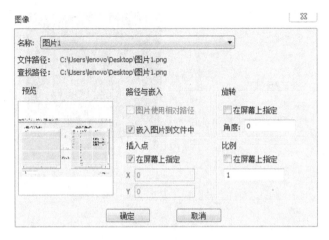

图 4-57 【图像】对话框

工艺图表中插入的图片文件支持多种编辑操作，包括特性编辑、实体编辑和图片管理。

2. 插入视频

通过插入视频功能，可以插入 *.avi 和 *.mp4 格式的视频文件，方便技术人员在查看卡片时，结合视频的播放，以可视化的方式更加方便、直观地了解加工和装配的方法，进而指导生产。

单击【工艺】主菜单中的【插入视频】按钮 插入视频 ，选择相应的视频，即可实现视频的插入。

双击视频，可以实现视频的播放。播放时单击视频或单击左下角的暂停按钮，可以实现视频的暂停。

思考与练习题

完成表 4-1~表 4-3 所示工艺卡片的绘制，并完成工艺模板集的定制。

参 考 文 献

[1] 胡耀华，梁乃明. 产品全生命周期管理平台 [M]. 北京：机械工业出版社，2022.

[2] 郑维明，黄恺，王玲. 智能制造数字化工艺仿真 [M]. 北京：机械工业出版社，2022.

[3] 陈吉红，杨建中，周会成. 新一代智能化数控系统 [M]. 北京：清华大学出版社，2021.

[4] 关雄飞. CAXA CAM 制造工程师应用案例教程：2020 版 [M]. 北京：机械工业出版社，2021.

[5] 朱海平. 数字化与智能化车间 [M]. 北京：清华大学出版社，2021.

[6] 张建成，方新. 机械 CAD/CAM 技术 [M]. 北京：机械工业出版社，2016.

[7] 关雄飞. CAD/CAM 技术应用（CAXA）[M]. 北京：机械工业出版社，2015.

[8] 史卫朝. 机械 CAD/CAM 实训指导 [M]. 西安：西北工业大学出版社，2015.

[9] 肖继明，郑建明. 机械制造技术基础课程设计指导 [M]. 北京：化学工业出版社，2014.

[10] 王丽洁. 数控加工与编程 [M]. 北京：北京邮电大学出版社，2011.

[11] 宁汝新，赵汝嘉. CAD/CAM 技术 [M]. 北京：机械工业出版社，2005.